공부하라는 부모, 게임하려는 자녀

1판 1쇄 인쇄 | 2017년 6월 13일
1판 1쇄 발행 | 2017년 6월 20일

지은이 | 조형근
펴낸곳 | 함께북스
펴낸이 | 조완욱

등록번호 | 제1-1115호
주소 | 412-230 경기도 고양시 덕양구 행주내동 735-9
전화 | 031-979-6566~7
팩스 | 031-979-6568
이메일 | harmkke@hanmail.net

ISBN 978-89-7504-662-9 03590

이 도서의 국립중앙도서관 출판예정도서목록(CIP)은 서지정보유통지원시스템 홈페이지
(http://seoji.nl.go.kr)와 국가자료공동목록시스템(http://www.nl.go.kr/kolisnet)에서 이용하실
수 있습니다.(CIP제어번호: CIP2017012649)

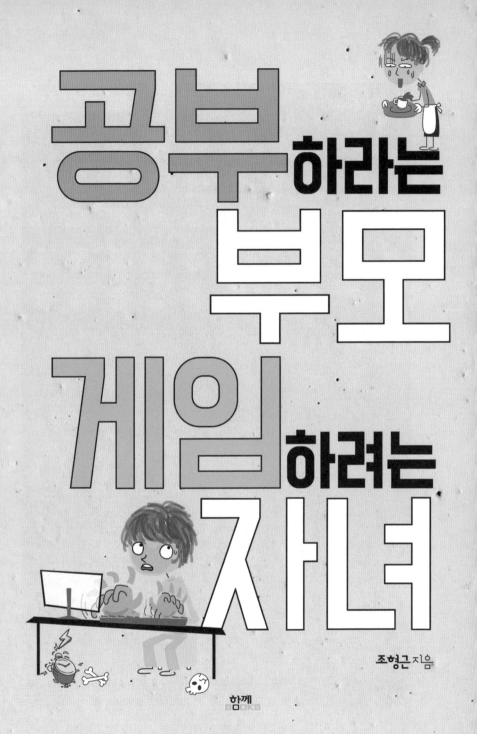

공부하라는 부모 게임하려는 자녀

조형근 지음

함께
BOOKS

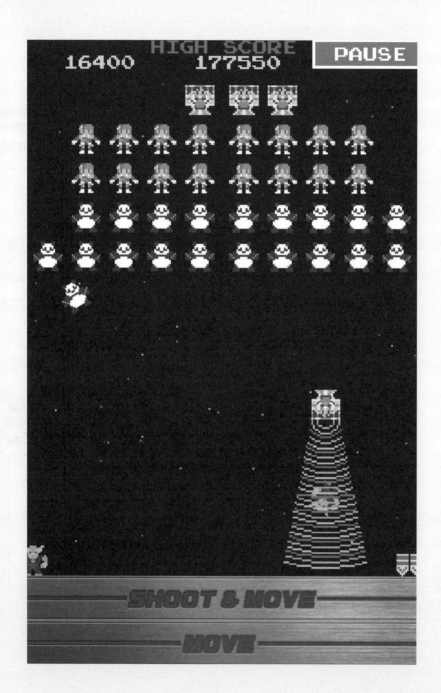

게임은 세대를 넘나드는 놀이 문화

요즘 아이들 중 게임을 하지 않는 자녀는 찾아보기 어렵습니다. 게임은 어느덧 자녀 세대의 대중적인 취미 활동이 되었습니다. 그렇다면 게임은 언제부터 우리 삶과 밀접한 관계를 맺기 시작했을까요?

1980년을 전후해서 우리나라 곳곳에 오락실이 들어섰습니다. 국민 게임 '갤러그'를 즐기기 위해 많은 이들이 오락실을 찾았습니다. 비행 물체를 격추하는 재미에 초등학생부터 대학생까지 많은 사람들이 갤러그 게임을 즐겼습니다. 이후 패미콤, 슈퍼컴보이, 플레이스테이션과 같은 콘솔 게임을 거쳐 컴퓨터 게임이 대세가 되었습니다.

지금은 스마트폰을 활용한 다양한 게임이 출시되고 있습니다. 게임은 멈출 줄 모르는 황소처럼 계속해서 영역을 확장하고 있습니다.

게임의 무서운 성장세만큼 그에 따른 역기능에 대한 우려 또한 있습니다. 게임을 하고 있는 자녀를 바라보는 부모의 걱정은 이만저만이 아닙니다. 학생 본연의 임무인 공부를 하기에도 시간이 부족한데 게임을 붙잡고 있으니 한숨이 절로 나옵니다. 게임에 중독되어 가족을 살해했다는 뉴스를 보면 가슴이 철렁 내려앉습니다. 게임으로 인해 자녀의 마음이 병들고 있지는 않은지 걱정됩니다. 오늘도 게임에 열중하고 있는 자녀의 뒷모습을 지켜보는 부모의 마음은 불안하기만 합니다. 부모들이 게임에 빠져있는 자녀에게 불안을 느끼는 이유는, 우선 게임에 대해서 잘 모르기 때문입니다. 사람은 익숙하지 않은 환경에 불안을 느낍니다. 생전 먹어보지 못한 음식이 눈앞에 놓인 기분과 비슷합니다. 처음 보는 음식을 대하는 사람의 반응은 눈 딱 감고 한 입 먹어보는 사람과 지레 겁을 먹고 젓가락을 가져가지 못하는 사람으로 분류됩니다.

누가 이 음식에 대해 잘 알 수 있을까요?

답은 분명합니다. 용기를 내어 음식을 먹은 사람은 자기의 입맛에 맞는지 아닌지 음식의 맛을 느낄 수 있습니다. 입에 맞지 않고 맛이 없다면 다음에 먹지 않으면 그만입니다. 하지만 먹어보지 않는 사람에게는 여전히 알 수 없는 미지의 음식으로 남습니다.

게임을 마치 도박, 마약과 같은 유해 물질로 규정하는 시선도 있습니다. 혹자는 이렇게 말합니다.

"게임은 공부할 시간을 다 빨아들이는 블랙홀이다."

"장점이라고는 눈을 씻고 찾아봐도 보이지 않는 사회악이다."

"게임은 사람을 망치는 도구다."

필자는 이러한 사회의 게임에 대한 편견과 부모님들의 불안한 마음을 조금이라도 해소해 드리고 싶습니다. 게임을 좋아하고 또한 게임으로 인하여 많은 혜택을 누려온 사람으로서 이 책을 집필하게 되었습니다. 저는 누구보다 게임을 좋아했습니다. 유치원 때부터 게임을 시작하여 고등학생 때에는 프로게이머가 되었습니다. 여러 해 동안 프로게이머로 활동했지만 공부도 소홀하지 않았습니다. 게임과 공부를 병행했습니다. 프로게이머를 그만둔 뒤에는 또 다른 꿈을 찾아 새로운 일을 하고 있습니다. 오랜 시간 게임을 정말 많이 했지만 지금도 게임을 하기를 잘했다고 생각합니다. 게임은 저의 삶에 커다란 의미가 되었습니다.

게임은 인간이 만든 도구입니다. 중요한 것은 게임을 바라보는 사람의 관점입니다. 게임은 올바로 활용하면 효용이 많은 도구입니다. 자존감을 높여주고 스트레스를 해소할 수 있으며, 또한 무한한 상상력을 가지게 되고 친구들과 소통하는 법을 배울 수 있습니다.

부모가 게임에 대해 알아야 하는 이유는, 자녀가 게임을 좋아하기 때문입니다. 자녀가 좋아하는 것에 관심을 가지고 함께 즐기는 과정에서 유대감이 생기고 공감대를 형성할 수 있습니다. 건강하게 게임을 즐길 수 있도록 조율할 수 있고, 자연스러운 소통을 통하여 올바른 교육을 할 수 있습니다.

게임을 무작정 통제하는 것은 게임을 더 하고 싶게 만드는 요인이 됩니다. 부모 스스로 게임을 이해하지 못하면서 자녀의 욕망을 마냥 배격하고 강제하는 것은 바람직한 교육방법이 아닙니다. 자녀가 스스로 게임을 할 시간과 공부할 시간을 조절할 수 있도록 이해하고 협조해야 하는 것이 부모로서 아주 중요한 행동조건입니다. 자녀 스스로 절제력과 통제력을 키울 수 있도록 부모의 노력이 절실히 필요합니다.

필자는 이번 책에 앞서 ≪프로게이머를 꿈꾸는 청소년들에게≫를 출간하면서 아쉬운 점이 많았습니다. 10대들에게 게임을 제대로 활용하는 방법을 알려주는 것도 중요하지만 부모님들에게 게임이 무엇인지, 자녀 교육에 게임을 어떻게 활용해야 하는지를 알려주는 것이 더욱 중요하다는 생각이 들었습니다. 게임에 대한 바른 이해를 바탕으로 갈등의 원인을 해소하고 부모와 자녀 사이가 더욱 돈독한 관계가 되어 건강하고 행복한 가정이 형성되었으면 하는 것이 저의 바람입니다.

게임에 대한 인식은 점점 좋아지고 있습니다. 게임을 좋아하던 10대, 20대들이 어느덧 30대, 40대의 부모가 되었습니다. 시간이 지날수록 게임은 세대를 넘나드는 놀이 문화가 될 것입니다. 게임이라는 놀이를 자녀와 함께 지혜롭게 즐길 수 있었으면 좋겠습니다. 게임을 부모와 자녀의 관계를 더욱 돈독하게 만드는 활력소로 이용하기를 진심으로 희망합니다.

contents

머리말_ 게임은 세대를 넘나드는 놀이 문화 | 5

1장 게임, 갈등의 씨앗

1. 게임 전성시대 | 17

2. 게임만 하면 눈이 빛나는 자녀 | 25

3. 자녀가 게임을 모르게 할 수 없을까 | 30

4. 자녀가 게임에 너무 빠지는 것은 아닐까 | 34

5. 게임으로 인한 부모와 자녀 갈등 | 38

6. 문제는 게임 과몰입이다 | 42

7. 관심이 필요하다 | 47

2장 게임에 빠지는 원인

1. 게임은 재미있다 | 57

2. 적절한 난이도와 보상 | 64

3. 게임을 통한 소통 | 70

4. 성취감을 얻기 위해 | 75

5. 접근성이 좋다 | 80

6. 프로게이머가 되기 위해 | 85

3장 게임, 무조건 나쁜 것일까

1. 게임은 두뇌에 좋다 | 95

2. 게임은 스트레스 해소 창구다 | 99

3. 게임은 자신감을 키워준다 | 102

4. 게임은 자녀의 상상력을 키운다 | 106

5. 게임은 자녀 세대의 놀이문화이다 | 111

4장 자녀가 게임을 건전하게 즐기도록 하기 위한 방법

1. 자녀에게 꿈을 심어주자 | 119

2. 컴퓨터 이용시간을 정해라 | 127

3. 자녀 스스로 생각하게 하라 | 130

4. 책을 가까이 하게 하라 | 133

5. 바깥으로 나가라 | 138

6. 주변의 도움을 받아라 | 143

5장 부모의 역할

1. 스마트폰을 멀리 하라 | 149

2. 자녀에게 관심을 가져라 | 153

3. 자녀의 게임 패턴을 유심히 관찰하라 | 157

4. 윽박지르기는 자녀를 속박하는 것이다 | 162

5. 자녀는 부모를 보고 배운다 | 166

6. 게임을 직접 플레이하라 | 170

7. 자녀를 게임 중독자로 보지 마라 | 174

8. 부모도 꿈을 꾸어야 한다 | 179

6장 보다 나은 부모 자녀 관계를 위하여

1. 자녀의 놀이문화를 이해하라 | 187

2. 자녀에게 공부를 강요하지 마라 | 192

3. 자녀가 공부를 해야 하는 이유는 무엇인가 | 196

4. 사교육은 자녀와 합의하에 결정하라 | 201

5. 자녀를 믿어라 | 204

6. 게임 이름만 알아도 90점이다 | 209

7. 관계의 시작은 부모부터 시작하자 | 213

8. 자녀의 장점을 찾아 칭찬하자 | 216

7장 Q&A, 이런 경우에는 어떻게 해야 할까요

1. 질릴 정도로 게임을 많이 시키는 것은 어떨까요? | 225

2. 적당한 게임 시간은 어느 정도인가요? | 228

3. 자녀를 프로게이머로 밀어줄까요? | 231

4. 어떤 게임이 좋고 어떤 게임이 나쁜가요? | 234

5. 게임을 잘하면 게임 개발자가 될 수 있을까요? | 237

맺음말_ 공부와 게임이 바뀐 세상 | 241

1장
게임,
갈등의 씨앗

1. 게임 전성시대 | 17

2. 게임만 하면 눈이 빛나는 자녀 | 25

3. 자녀가 게임을 모르게 할 수 없을까 | 30

4. 자녀가 게임에 너무 빠지는 것은 아닐까 | 34

5. 게임으로 인한 부모와 자녀 갈등 | 38

6. 문제는 게임 과몰입이다 | 42

7. 관심이 필요하다 | 47

롤플레잉 게임

게이머가 게임 내 등장인물이 되어 줄거리를 따라 진행해나가는 게임 방식. 이 게임에서 사용자는 자신이 주인공이 된 듯한 느낌을 가지고 이야기 속에 빠져들게 된다. 그리고 네트워크에 연결하면 여러 사람이 동행이 되어서 이야기를 풀어나갈 수도 있다. 대표적인 게임으로는 <디아블로>, <울티마>, <파이널 판타지> <리니지> 등이 있다.

1. 게임 전성시대

　지금 주위를 둘러보면 게임과 연관된 정보를 쉽게 찾아볼 수 있다. 게임 전성시대를 실감한다. TV를 통해서도 게임 광고를 심심치 않게 볼 수 있다. 불과 몇 년 전만 해도 게임 광고는 OGN과 같은 게임 전문 방송에서나 볼 수 있었다. 그러나 어느 순간부터 게임 광고가 지상파 방송에도 나오기 시작했다. 게임광고 초기에는 게임 플레이 화면만 나오는 단순한 광고였지만 지금은 국내 유명 연예인은 물론 미국 할리우드 배우도 게임 광고모델로 활약한다. 유명스타가 게임 캐릭터의 복장을 하고 게임을 광고하는 모습은 흔한 광경이 되었다.

　버스와 지하철을 타면 많은 사람들이 스마트폰으로 게임에 열중하는 모습을 볼 수 있다. 불과 몇 년 전만 해도 대중교통 안의 풍경은 이어폰을 귀에 꽂고 노래를 듣거나 책을 보는 사람이 많았다. 하지만 지금은 대중교통뿐만 아니라 어디서든 게임을 하는 사람을 쉽게 찾아볼 수 있다. 스마트폰이 출시되기 이전에는 게임을 하기 위해서 오락실이나 PC방에 가야 했다. 하지만 지금은 게임을 하려고 마음만 먹으면 언제 어디서든지 게임을 할 수 있는 환경이 조성되었다. 스마트폰에 손가락을 올리고 몇 번만 클릭하면 게임에 접속할 수 있다. 시간만 충분하다면 아침에 눈을 뜨고 밤에 잠이 들 때까지 게임을 할 수 있다.

　게임은 거대한 산업이 되었고 문화로 자리 잡았다. 현대의 아이들은 태어날 때부터 스마트폰을 접한다. 엄마 뱃속에서 이제 막 나와 힘껏 울고 있는 아이를 보며 부모는 스마트폰으로 사진을 찍는다.

아이가 밥을 먹지 않으려고 투정을 부릴 때 스마트폰으로 재미난 영상을 보여주는 것만큼 효과적인 게 없다. 이렇게 아이는 자연스럽게 게임이 담겨있는 전자기기를 접한다.

사람들의 손에는 항상 스마트폰이 쥐어져 있다. 자연스럽게 게임을 접하게 되는 이유다. 지금도 수많은 종류의 게임이 봇물 터지듯 개발되고 출시되고 있다. 게임 개발 플랫폼을 제공하는 '유니티 코리아'에서 발간한 <2016년 2분기 모바일 게임 산업 백과>에 따르면, 2016년 2분기 동안 출시된 게임의 숫자는 전 세계적으로 23만여 개라고 한다. 하루에 한 게임씩, 1년 365일 매일 게임을 한다고 가정해도 0.1% 정도의 게임밖에 즐기지 못하는 셈이다. 인터넷에서 게임을 검색해보면 깜짝 놀랄 정도로 수많은 게임에 대한 정보를 확인할 수 있다. '게임'이라는 단어를 검색창에 입력하고 엔터키를 쳐보라. 눈앞에 나타나는 게임 종류는 거의 무한대에 가깝다. 이토록 많은 게임 이용자의 요구를 반영하듯 게임에는 각각 다른 특성의 다양한 장르가 존재한다. 격투 게임, 시뮬레이션 게임, 롤플레잉 게임, 카드 게임, 1인칭 슈팅 게임, 스포츠 게임, 아케이드 게임 등 아무리 게임을 좋아하는 게임 마니아라도 세상에 존재하는 모든 게임을 경험할 수 없을만큼 종류도 많고 다양하다.

이에 비례하여 게임 회사의 경제적인 위상도 점점 높아지고 있다. 유명 게임 회사의 연간 매출액은 1000억 원을 훌쩍 넘어섰고 1조 원을 넘은 게임 제작 기업도 있다. 게임 회사는 대기업 못지않은 복지와 근무환경을 제공한다. 미취학 자녀를 둔 직원들을 위한 사내 어린이집을 운영하는 게임 회사도 있다. 게임 전문 방송사도 생겼다. 게임 전문 케이블 방송국 OGN(온게임넷)에서는 하루 24시간 동안 게

임과 관련된 방송을 한다. 게임에 대한 새로운 뉴스를 소개하고 많은 게임 경기를 생방송으로 중계한다. 프로게이머가 경기하는 모습을 아나운서와 해설자가 마치 축구 경기처럼 중계한다. 게임을 통해서 국가 대항전이 열리기도 한다. 세계 각 국가에서 선발된 프로게이머들이 모여 승부를 겨루고 수많은 관중들은 이에 열광한다.

미국의 게임회사 '나이언틱 랩스'에서 개발한 '포켓몬고'는 2016년 7월 출시, 2016년 말 기준 다운로드 6억 건을 돌파하였다. 우리나

라에서도 2016년 8월 이 게임을 즐기기 위해 수많은 사람들이 서울에서 속초로 발걸음을 재촉했다. 당시 우리나라에서 포켓몬고를 즐길 수 있는 장소가 속초밖에 없었기 때문이다. 속초행 버스는 순식간에 매진되었고 사람들은 속초에서 게임과 여행을 동시에 즐겼다. 이병선 속초시장은 "행운의 동물 피카츄가 속초에 왔다"며 속초의 다양한 관광지와 맛있는 음식도 함께 즐겨달라며 적극적으로 홍보했다. 하나의 게임이 지역의 관광 산업이 된 셈이다. 포켓몬고는 우리나라뿐만 아니라 일본, 유럽, 미국 등 전 세계 사람들이 즐기는 게임이다. 게임을 통해 세계인과 소통하는 시대가 된 것이다. 게임은 세계를 연결하는 끈이 되었다.

이후 포켓몬고는 2017년 1월 24일 대한민국에서도 출시되었다. 증강현실(AR)게임 포켓몬고는 게이머가 몬스터 볼을 이용해 증강현실에 나타난 포켓몬을 포획한 후 이들을 진화시켜 유저 간 대결을 펼치는 게임이다.

2017년 1월 30일 설날 연휴 마지막 날, 서울 동작구 보라매공원에는 발 디딜 틈없이 사람들이 몰려들었다. 가족단위 및 연인, 친구들 끼리 삼삼오오 모여 모두 자신의 스마트폰을 들여다 보는 진풍경을 만들었다.

유저들은 포켓몬이 자주 출몰하는 지역의 정보를 SNS를 통해 교환하고 있다. 포켓몬이 자주 출몰하는 지역으로 서울에서는 홍대 입구, 신촌, 여의도 등이 있다.

    2016년 리우 올림픽 폐회식에서는 다음 올림픽 개최 장소를 소개하는 영상에 '마리오'라는 게임 캐릭터가 등장했다. 마리오는 슈퍼마리오라는 게임에 나오는 캐릭터이다. 영상에서 마리오로 변신한 일본 총리 아베 신조(Abe Shinzo)가 워프 파이프(Warp Pipe)를 통해 일본에서 리오 올림픽 경기장으로 이동하는 영상은 리오 올림픽 폐막식 최고의 하이라이트였다. 아베 신조 총리가 마리오로 변신하는 영상이 상영되자 많은 사람들이 큰 웃음을 터뜨렸고, 영상이 끝나면서 아베 신조가 실제로 마리오 모자를 쓰고 경기장 중앙에 설치된 초록색 워프 파이프에서 나오자 NBC 중계방송 팀들도 웃음을 참지못하며 아주 멋졌다고 찬사를 보냈다. 일본 총리는 마리오의 분장을 벗으면서 2020년 일본 올림픽의 성공적인 개최를 선포했다. 전 세계인이 지켜보는 올림픽 폐회식에서 일본을 대표하는 상징으로 게임 캐릭터를 전면에 내세운 것이다. 한 나라의 총리가 직접 게임 캐릭터의 분장을 하고 60억 세계인이 지켜보는 곳에 나타난 것이다. 일본 총리가 직접 '일본은 게임 문화 강국이다.'라는 메시지를 세계에 던진 셈이다. 게임은 세계인의 일상에 깊숙이 침투하고 있다. 앞으로 게임은 차세대 문화 산업 전반에 중요한 역할을 하게 될 것이다. 그리고 게임의 개발을 둘러싼 국가 간 주도권 싸움도 치열해질 것이다. 국가의 정치, 경제, 산업, 문화 전반에 걸쳐 게임의 역할이 점점 커지고 있다.

2. 게임만 하면 눈이 빛나는 자녀

게임을 하는 자녀의 눈빛이 빛나고 있는가?

게임을 하는 자녀의 뒷모습을 지켜보는 부모는 걱정이 앞선다. 공부를 할 때는 분명히 생기 없는 얼굴이었는데 게임을 할 때는 눈에서 반짝반짝하는 레이저가 나오는 게 아닌가.

부모가 말을 건네도 제대로 듣지 못할 정도로 집중하는 자녀의 모습에 '우리 아이가 저런 눈빛으로 공부를 하면 얼마나 좋을까?'라고 생각한다. 자녀를 바라보는 부모의 얼굴은 걱정스러운 표정으로 가득하다.

게임을 좋아하는 아이는 게임 이야기만 나오면 신이 난다. 사람은 자기가 좋아하는 일을 할 때는 에너지가 마구 샘솟는 법이다. 게임을 할 때는 아무것도 들리지 않는 것처럼 보인다. 부모가 밥을 먹으라고 다그쳐도 소용이 없다. 눈과 귀와 정신이 게임을 향해있기 때문이다.

"엄마, 10분만 더하면 끝나"

"아빠, 이번 판만 하고 갈게"

"엄마, 조금만 있다가 먹을게, 먼저 먹어"

초등학교 4학년인 A군은 오늘도 엄마가 집에서 외출하기만을 기다린다. 엄마가 집에 안 계시면 마음껏 게임을 할 수 있기 때문이다. 엄마가 외출을 하며 현관문이 닫히는 순간 A군의 세상이 활짝 열리기 시작한다. 컴퓨터를 켜고 게임에 접속해서 실컷 게임을 할 수 있는 것이다. 그리고 엄마가 집에 돌아오면 게임을 하지 않은 척한다. 공부를 한 것처럼 책상 위에 책을 펼쳐 놓는다.

A군의 사례처럼 자녀들은 어떡하면 부모님 몰래 컴퓨터 게임을 할 수 있는지 방법을 궁리한다. 이른바 '몰컴'이라고 하는데 인터넷 포털 사이트에 몰컴을 할 수 있는 방법을 질문하기도 한다. 게임을 할 때면 갑자기 힘이라도 샘솟는 것처럼 집중력을 발휘하는 이유는 아주 단순하다. 재미있기 때문이다.

부모는 자녀가 게임을 자제하도록 통제한다. 게임을 하고 싶은데 마음껏 할 수 없는 상황이기에 몰컴할 때의 기쁨은 배가 된다.

　사람은 자기가 좋아하는 일은 즐겁고 기쁘게 할 수 있다. 공부를 좋아하고 책 읽기를 즐기는 자녀라면 책을 읽으며 즐거움을 느낄 수 있을 것이다. 하지만 대부분의 자녀는 공부는 수동적으로 하고 게임은 능동적으로 한다. 만약 게임을 싫어하는 자녀에게 억지로 게임을 시키면 아마 풀이 죽은 채로 게임을 할 것이다.

현재 게임을 하고 있는 자녀를 불안한 눈빛으로 바라보고 있는 부모인 당신은 학창 시절에 무엇 때문에 부모님과 갈등을 겪었는가?

30, 40대 엄마라면 서태지와 아이들, H.O.T, 젝스키스 등 당시 인기 가수에 열광했던 시기가 있었을 것이다. 당신의 자녀를 걱정하듯이 당시의 당신 부모님도 역시 걱정하기는 마찬가지였다.

당시의 부모님들은 "쟤가 커서 뭐가 되려고 저럴까? 가수가 밥 먹여주나"라며 푸념을 늘어놓으셨다. 하지만 당신은 부모님의 걱정은 아랑곳하지 않고 '오빠'를 보기 위해서 오빠의 집 앞으로 찾아가서 하염없이 오빠가 나타나기만을 기다리기도 했고, 스케줄을 끝낸 오빠가 모습을 드러내는 순간 목이 터질 듯이 소리를 지르기도 했을 것이다.

자신이 좋아하는 연예인을 보기 위해 지방에서 서울로 상경한 열정이 있지 않았는가. 아마 지금은 그렇게 하라고 해도 못할 것이다. 사람은 무언가에 빠지면 그것만 보게 되고 그것만 하려고 한다.

고대 그리스의 철학자 소크라테스는 이렇게 말했다고 한다.

"요즘 아이들은 폭군과도 같고 부모에게 대든다."

아득한 옛날, 기원전에도 부모가 자녀를 보는 눈은 지금과 크게 다르지 않았나 보다. 부모는 게임을 하는 자녀를 보고 있으면 커서 뭐가 되려고 저러나 싶은 마음에 걱정이 앞선다. 도대체 게임이 뭐가 그렇게 재미있는지 이해가 되지 않을 것이다. 하지만 부모에게 부모의 관심사가 있었듯이 자녀에게는 자녀의 관심사가 있다는 것을 인정해야 한다. 그것이 부모 세대에는 인기 연예인이었다면 현재 자녀 세대의 관심사는 게임인 것이다.

부모는 자녀보다 상대적으로 많은 경험을 했다. 인생의 과정을 통해서 성공과 실패를 반복했다. 삶의 경험과 과정을 통하여 어떤 것이 좋고 나쁜지, 무엇을 하면 되고 안 되는지 기준이 정립된 것이다. 이렇게 굳어져버린 기준에 근거해서 자녀를 바라보는 부모의 심정은 안타깝고 답답할 수밖에 없다.

하지만 자녀는 부모와 다르게 이제 삶의 기준을 만들어 가고 있는 중이다. 무엇이 옳고 무엇이 그른지 스스로 알아가고 있는 과정인 것이다. 부모와 자녀의 나이 차이만큼 자녀가 부모보다 시야가 좁은 것은 당연하다.

당신은 고착화된 시선으로 자녀를 바라보고 있지는 않은가. 자녀와 눈높이를 맞추고 보폭을 맞춰야 한다. 게임을 좋아하는 자녀를 이해하고 포용할 수 있어야 한다.

3. 자녀가 게임을 모르게 할 수 없을까

'우리 아이는 게임을 하지 않도록 키우겠다.'

이러한 부모의 이런 바람은 이뤄질 수 있을까?

결론부터 말하자면 이런 일은 생기지 않는다. 컴퓨터가 없고 스마트폰이 없는 과거로 돌아가지 않는 한, 자녀는 어떤 경로로든 게임을 접하게 된다. 그렇다면 자녀가 게임을 처음 접하는 순간은 언제일까?

보통은 친구들과 어울리면서 게임을 알게 된다. 게임을 통해서 지금까지 세상의 전부였던 엄마, 아빠의 품에서 벗어나 새로운 세상의 즐거움을 느낀다. 자녀는 새롭게 알게 된 세계를 제일 먼저 부모에게 자랑스럽게 공개한다. 갈등의 시작점을 맞이한 것이다.

나는 6, 7살 때 처음으로 게임을 접했다. 옆집에 '재믹스'라는 게임기를 가지고 있는 친구가  있었다. 우연히 친구네 집에 놀러 가게 되었고 자연스럽게 같이 게임을 했다. 초등학생이 되어서는 오락실에 자주 갔다. 집에서 500m 정도 떨어진 곳에 오락실이 있었는데 돈이 생기면 무조건 오락실로 갔다. 당시 유행하던 '스트리트 파이터'나 '보글보글' 같은 게임을 했다.

돈이 다 떨어지면 오락실 안을 서성거리면서 다른 사람들이 게임하는 모습을 구경했다. 게임을 잘하는 친구에게 더욱 쉽게 끝판을 깰 수 있는 방법을 배우기도 했다. 틈만 나면 오락실을 들락거렸고 부모님은 동네 오락실을 돌아다니며 나를 찾아다녔다. 부모님은 오락실에서 나를 발견할 때마다 크게 혼내셨지만, 나는 더듬이를 가진 개미처럼 습관적으로 오락실을 찾고 또 찾았다.

지금은 거리에 나서서 주위를 둘러보면 게임 광고를 쉽게 볼 수 있다. 버스에 붙어있는 게임 광고판은 전국의 도로를 질주하고 있다. 지하철역에 들어서면 게임 광고가 여기저기 붙어있다. 사람이 가장 많이 드나드는 공공장소는 이미 게임 광고가 점령했다. 텔레비전을 켜보면 자녀가 좋아하는 유명 연예인이 게임을 광고하고 있다. 한마디로 장소 불문하고 게임을 외면할 수 없는 세상이 된 것이다. 자녀가 게임을 모르게 하려면 자녀의 눈과 귀를 가리고 키워야 한다.

게임을 하는 자녀의 모습을 도저히 참을 수 없다면 게임보다 재미있는 콘텐츠를 찾아주는 수밖에 없다. 게임보다 독서를 더 좋아하는 자녀라면 게임을 하라고 해도 책을 읽는다. 게임보다 운동을 더 좋아하는 자녀라면 게임을 하라고 해도 운동을 할 것이다. 하지만 하루 종일 책을 읽거나 운동을 할 수는 없다. 이런 자녀들도 요즘 유행하는 게임에 관심을 가지고 게임을 즐기고 있다. 정도의 차이가 있을 뿐이다.

　게임을 하는 자녀를 인정하자. 게임을 접할 수밖에 없는 세상에서 게임을 모르게 하고 못하게 하는 것은 손바닥으로 하늘을 가리는 격이다. 공부와 게임을 함께 병행할 수 있도록 유도해야 한다. 건전하게 게임할 수 있는 방법을 알려줘야 한다. 조금씩, 천천히 자녀가 게임을 건전하고 유용하게 활용할 수 있는 지식을 길러주는 부모가 되어야 한다.

4. 자녀가 게임에 너무 빠지는 것은 아닐까

요즘 아이들은 아주 어릴 때부터 게임을 접한다. 친구들과 함께 PC방에 가서 게임을 하거나 집에서 부모의 동의하에 혹은 몰래 게임을 한다. 자녀가 처음 게임을 하게 됐을 때를 곰곰이 떠올려보자.

게임을 하겠다고 고집을 부리는 자녀를 간신히 설득해서 시간을 정해놓고 게임을 하겠다고 다짐을 받았을 것이다. 처음에는 게임을 해도 그렇게 오래 하지 않았을 것이다. 부모가 그만하라고 하면 그만두었다. 하지만 30분만 한다고 했던 게임이 점점 1시간이 되고 2시간이 된다. 부모가 게임 시간을 통제하려고 해도 통제가 되지 않는 상황이 발생하기도 한다. 부모의 입장에서 보면 걱정하지 않을 수 없다. 이런 일이 반복되다 보면 우리 아이가 게임에서 헤어나오지 못하는 것은 아닐까 하는 걱정이 앞선다.

　자녀는 부모가 게임에 열중하고 있는 자신의 모습을 싫어한다는 것을 본능적으로 알고 있다. 아무리 이해심이 많은 부모라고 해도 게임만 하는 자녀를 마냥 바라만 보는 부모는 없을 것이다. 자녀는 게임을 하는 자신의 모습을 부모가 싫어하는 것을 알면서도 게임을 중단할 생각이 없다. 재미있기 때문이다.

　이럴 때는 여유를 갖고 냉정하게 자녀를 유심히 관찰해보자. 필자의 경험상 적절한 시간 동안 게임을 하는 것은 문제가 되지 않는다. 자녀는 게임을 통해서 건강한 승부욕을 가질 수 있고 자존감을 높일 수도 있다. 게임을 하면서 스트레스를 해소할 수도 있다. 뒤에 설명하겠지만 게임에는 여러 가지 이점이 있다.

　게임을 하는 사람이 스스로를 통제하지 못하고 게임에서 헤어나오지 못하는 것을 '게임 과몰입'이라고 한다. 게임이 일상생활에 영향을 미치고 자나 깨나 게임 생각만 하는 현상이다. 일종의 게임중독이라고 할 수 있다. 중독이라는 단어가 주는 부정적인 이미지보다는 현상 자체만을 보기 위해서 최근에는 게임에 과도하게 빠진 경우를 가리켜 게임 과몰입이라는 용어를 쓴다.

　게임 과몰입 상태인지 아닌지는 게임을 하는 본인이 스스로 잘 알고 있다. 게임을 그만둘 시간을 정확하게 알고 있고 언제라도 해야 할 일을 하기 위해 게임을 그만둘 수 있으면 게임을 아무리 오래 해도 게임 과몰입 상태가 아니라고 할 수 있다. 게임에 흠뻑 빠지다 보면 식사 시간이 조금 늦어질 수도 있고 어떤 일을 해야 하는데 깜빡할 수도 있다. 이 정도는 괜찮다.

하지만 다음날 중요한 시험이 있는데 잠을 자지 않고 게임을 하는 것은 문제다. 더구나 본인이 문제라는 것을 스스로 알고 있는 상태라면 더욱 문제다. 게임을 계속하면 안 되는 것을 알면서도 멈추지 못한다면 이런 습관은 반드시 고쳐야 한다. 이 경우는 스스로 자신을 통제하지 못하는 상태이기 때문에 게임 과몰입이라고 볼 수 있다.

만약 자녀가 게임 과몰입이 아닐까 하는 생각이 든다면 아이에게 스스로 생각할 기회를 주는 것이 좋다. 억압적인 분위기로 자녀를 몰아세우지 말고 편안한 분위기에서 자녀의 이야기를 듣고 도와주는 것이다.

자녀의 게임 과몰입 여부를 확인하기 위해서 설문조사나 테스트를 하는 것은 좋은 방법이 아니라고 생각한다. 자녀는 설문조사에 솔직한 마음으로 응하기보다는 게임 과몰입 상태를 실험하는 질의응답에 대해 어떻게 답을 해야 부모가 걱정하지 않을지를 알고 있기 때문에 부모님의 마음을 고려하여 작성을 하는 수가 있다. 그러니 정확한 측정을 못하는 경우가 많다.

자녀가 게임에 과몰입되었다는 생각이 든다면 자녀의 생활 패턴을 유심히 지켜보아야 한다. 자녀가 스스로 자신의 상태에 대해 판단하고 능동적으로 도움을 요청할 수 있도록 해야 한다. 무턱대고 게임을 못하게 막는 것은 임시방편일 뿐이다.

예를 들어 댐에 작은 구멍이 하나둘씩 생기고 있다고 하자. 물이 새지 않도록 막아야 하는데 이를 손가락으로 하나씩 막는 셈이다. 열 개의 구멍을 열 손가락으로 다 막았다고 치자. 그다음 구멍이 생기면 어떻게 할 것인가?

댐에 구멍이 생기지 않도록 미연에 방지하는 것이 중요하다.

5. 게임으로 인한 부모와 자녀 갈등

게임으로 인해 가정이 파괴되고 부모와 자녀의 갈등이 커진다는 보도를 자주 본다. 게임 중독으로 인하여 자기의 감정을 주체하지 못하고 부모에게 반말을 하거나 심지어 욕설까지 하고 차마 입에 담기도 어려운 패륜적인 행동을 하기도 한다는 소리를 듣기도 한다.

'부모가 게임에 빠져있는 자녀의 모습을 보고 컴퓨터 전원을 뽑아 버렸다. 자녀는 곧 이성을 잃고 부모에게 흉기를 휘둘렀다.', '아버지를 살해한 14살 청소년, 1년에 PC방을 600번 출입했다.' 등의 뉴스를 접하며 게임을 좋아하는 사람으로서 안타까운 마음을 감출 수가 없었다.

비단 자녀뿐만이 아니다. '게임에 빠진 부모가 자녀를 방치한 나머지 죽음으로 몰고 갔다.', '인터넷게임에 빠져 쇠파이프 등으로 자녀를 폭행했다.'는 기사도 있다.

부모와 자녀의 비이성적인 행동의 원인으로 게임을 지목한다. 이러한 보도를 접하면 게임이 사건의 원인이라고 생각한다.

'쯧쯧, 이번에도 게임이 문제로군.'

사건의 원흉을 게임으로 돌려버리는 보도를 접하면 자연스럽게 게임에 대한 부정적인 여론이 조성된다.

하지만 정말 게임이 진짜 원인일까? 이면에 숨어서 보이지 않는 다른 이유가 있는 것은 아닐까? 감춰진 병은 찾을 생각도 없고 눈앞에 보이는 상처만 과장해서 표현하는 것은 아닌지 생각해 보아야 하지 않을까?

나는 게임이 모든 갈등의 원인이라는 보도에 동의할 수 없다. 게임을 하지 않더라도 다른 이유로 부모에게 욕설을 하는 자녀도 있고 게임은 전혀 몰라도 술에 빠져 자녀를 방치하는 부모도 있다. 일련의 모든 사건을 게임 때문이라고 하는 것은 게임을 반사회적인 문제로 정의하는 기성세대의 시선이 담겨있다.

초·중·고등학생 중에 게임을 한 번도 해보지 않은 사람은 아마도 없으리라고 생각한다. 게임은 현시대를 대표하는 놀이문화다. 자녀는 게임을 통해서 친구와 돈독한 관계를 구축하며 게임을 주제로 대화를 나누며 소통한다. 부모 세대와 다르게 자녀들은 그렇게 자라고 있고 앞으로도 게임은 우리의 생활 깊숙이 광범위하게 퍼질 것이다.

부모는 게임에 심취한 자녀를 보며 이해하지 못하겠지만 자녀는 부모의 그런 생각을 고지식하다고 느낀다. 대부분의 가정에서 부모와 자녀 사이에 게임으로 인해 크고 작은 마찰이 생긴다. 게임이 표면에 드러나는 원인이지만 근본적인 이유는 다른 곳에 있다.

그렇다면 부모와 자녀 사이에 갈등이 생기는 진짜 이유는 무엇일까?

갈등의 원인은 다양하지만 자녀의 학업성적과 공부로 인한 갈등이 가장 많을 것이다. 자녀가 공부를 안 하는 이유를 게임에서 찾은 것이다. 게임을 하면 게임을 하는 시간 동안은 공부를 할 수 없다는 것이 부모들의 불만이다. 게임이 문제가 아니라 공부를 하지 않기 때문에 부모와 자녀 간에 갈등이 생긴다. 게임을 하지 않는 시간에 반드시 공부를 하는 것도 아닌데 말이다. 자녀가 게임을 해서가 아니라 학업 성적이 나빠서 혼내는 것은 아닌지 곰곰이 생각해봐야 한다.

자녀를 공부로 몰기 위한 구실로 게임을 지목한 적은 없는가? 만약 자녀가 만족스러운 성적을 받으면서 게임으로 스트레스를 해소하고 싶다고 말한다면, 그래도 꾸중할 것인가? 자녀의 성적이 나쁜 이유를 단순히 게임으로 몰고 간 적은 없는가?

6. 문제는 게임 과몰입이다

부모가 자녀에게 게임을 하지 못하도록 타이르고 나무라는 이유는 무엇일까?

부모가 걱정하는 것은 게임을 하다 보면 자연스럽게 게임에 빠지게 되고 게임에 빠지면 공부를 소홀히 할 거라는 생각 때문이다. 자기 자신을 통제하지 못하고 게임에 의존하게 될까 봐 걱정되고, 혹여나 게임에 과몰입될지도 모르는 우려 때문이다.

처음에는 조심스럽게 가볍게 주의를 주었지만 자녀는 말을 듣지 않는다. 제재의 강도는 점점 커지고 심한 말도 서슴없이 하게 된다. 자녀는 부모에게 반항하며 자신의 마음을 몰라준다며 답답해한다. 부모도 답답하고 자녀 또한 답답하다. 부모와 자녀 간의 갈등의 폭은 점점 커지는 것이다.

부모들은 게임 때문에 우리 아이가 잘못됐다며 게임 회사를 탓하기도 하고 무분별한 게임 개발을 막을 수 있도록 정부 차원에서 규제 강화를 주장하기도 한다. 하지만 앞서 이야기했듯이 문제의 근본 원인을 부모와 자녀의 관계에서 찾지 않고 게임에서 찾는 것은 아무 소용이 없다. 숲을 보지 못하고 나무를 보는 격이다.

필자는 게임 과몰입의 원인은 부모와 자녀의 관계, 즉 가정에서 찾아야 한다고 생각한다. 부모의 욕심을 사랑이라는 단어로 포장해서 자녀에게 부담을 주지는 않는지 돌아봐야 한다.

부모의 끝없는 기대에 부응하지 못하는 자녀가 도피처로 선택한 것이 게임이 아닐까?

SBS스페셜 <부모vs학부모>는 모범생이던 인준이가 게임에 과몰입되는 과정을 방영하였다.

인준이는 초등학교 때는 물론이고 중학교 1학년 때까지 반에서 1등을 놓치지 않았던 학생이었다. 중학교 2학년 겨울방학 무렵, 인준이는 '리그오브레전드'라는 게임에 흠뻑 빠졌다.

게임의 세계에 흥미를 느낀 인준이는 프로게이머가 되겠다고 부모에게 선언했다. 이에 충격을 받은 인준이의 아버지는 인준이가 보는 앞에서 컴퓨터를 부수는 등 부자간의 갈등은 최고조에 달했고 인

준이는 결국 가출해버렸다.

집 밖을 배회하다가 돈이 떨어지면 집에 들어오는 인준이와 아버지의 갈등은 해결점을 찾을 수 없을만큼 커져만 갔다. 인준이는 아버지에게 과격하게 저항을 했고 자신의 마음을 이해하지 않고 무작정 공부만을 요구하는 아버지를 피했다. 도대체 어디서부터 잘못된 것일까?

인준이의 가족을 상담하고 지켜본 심리 전문가는 다음과 같이 진단했다.

"인준이가 학교 성적으로 부모의 기대를 충족시킬 수 없는 것을 스스로 느낀 것 같다. 성적에 대한 자신이 느끼는 범위가 있는데, 그것이 부모의 기대에 못 미치는 걸 알고 게임을 하거나 친구를 만나는 등 회피의 수단을 찾은 것 같다. 부모의 제재가 계속된다면 아이는 부모를 계속 피할 수밖에 없을 것이다. 서로 마음을 열고 상대의 말에 귀를 기울이는 소통이 시급하다."

인준이의 부모는 나름 학교에서 성적이 좋은 인준이에게 반 1등에서 만족하지 않고 전교 1등을 하도록 다그쳤다고 한다. 반면 인준이는 자신의 입장에서는 최선을 다했다고 한다. 하지만 공부에 대한 부모의 기대는 점점 커져만 갔고, 인준이는 이런 가정 분위기에서 점점 힘들어지기 시작했다. 지쳐버린 인준이의 성적이 조금씩 떨어지자 인준이의 부모는 참지못하고 인준이의 입장은 전혀 고려하지 않고 공부로 몰아세웠다. 메말라버린 수건을 쥐어짜고 또 쥐어짜면 찢어질 수밖에 없다.

이러한 현상이 전반적인 사회적인 문제로 대두되자, 문화체육관광부는 2016년 7월, '소통과 공감의 게임문화 진흥 5개년 계획'을 발표했다.

게임 이용자, 학부모, 교사, 게임 개발자를 대상으로 게임의 이해를 증진시키고 게임 문화에 대한 인식을 공유할 계획이라고 한다.

하지만 게임 과몰입 문제를 해결하기 위해서는 가정의 역할이 가장 중요하다. 우선적으로 부모의 따뜻한 관심이 자녀의 게임 과몰입을 예방할 수 있다. 그리고 부모 또한 게임에 관심을 가져야 한다. 자녀가 좋아하는 게임 문화를 이해하고 필요하다면 게임을 공부해야 한다.

자녀가 게임을 좋아한다면 집에서는 최대한 편하게 즐길 수 있도록 배려하는 가정 분위기가 매우 중요하다. 자녀를 애정으로 포근하게 감싸는 부모의 사랑은 자녀의 게임 과몰입을 예방하는 최선의 방법이다.

7. 관심이 필요하다

　게임이 삶에 미치는 악영향을 우려하는 시선에는 크게 두 가지가 있다. 하나는 게임 자체의 선정성과 중독성이 문제라는 '병리적 관점'이고, 또 다른 시선은 게임은 도구일 뿐이고 사회적, 심리적 환경이 중요하다는 '인지적 관점'이다. 각자의 주관에 따라서 게임을 전혀 다른 관점에서 본다.

　병리적 관점을 가진 사람은 게임을 사회악으로 규정하고 도박, 마약처럼 강제적으로 규제하고 통제해야 한다고 주장한다. 게임을 도박 중독, 마약 중독과 같이 질병으로 관리해야 한다는 것이다.

　반대로 인지적 관점을 가진 사람은 게임의 긍정적인 측면은 활용하고, 부정적인 측면은 개인과 가정의 관심과 변화로 이겨내야 한다고 주장한다. 양쪽의 의견이 첨예하게 대립하고 있는 이 순간에도 부모와 자녀 사이에 마찰은 계속해서 생겨나고 있다.

게임이 자녀를 병들게 하는 것인가?

사회와 가정이 자녀를 병들게 하는 것인가?

2016년 5월 게임 심포지엄에서 대학교수들이 게임 과몰입의 원인에 대한 연구 결과를 발표했다.

초·중·고 학생 총 이천 명을 대상으로 2년 동안 관찰하고 실험한 연구 발표였다. 연구를 진행한 건국대학교 문화콘텐츠학과 정의준 교수는 인지적 관점에서 자녀의 게임 과몰입 이유는 자기 통제력이 약해서라는 결론을 내렸다. 그리고 자기 통제력이 약한 이유로 학업 스트레스, 부모와 교사의 기대, 부모의 과잉관심을 꼽았다. 게임 과몰입의 원인에는 부모의 책임이 상당 부분 차지한다는 연구 결과였다. 학생들이 스트레스를 이기지 못해 게임으로 도피하게 된다는 뜻이다.

왜 자녀가 부모로부터 스트레스를 받아야 하는가? 어쩌다가 부모는 자녀에게 스트레스를 주는 존재로 전락했는가?

이는 우리나라 입시문제와 밀접한 관련이 있다.

'각박한 경쟁사회에서 좋은 대학을 졸업해야 안정적인 직장을 구할 수 있다.'

명문대에 입학하려면 입시 성적이 좋아야 한다며 자녀의 입장은 전혀 고려하지 않고 학원으로 밀어 넣는다. 부모는 급하다. 이웃집 아이는 학교에서 공부를 마치고서도 학원과 독서실에서 밤늦게까지 공부하는데 내 아이도 그렇게 공부를 하지 않으면 뒤처지는 것 같아서 불안감이 엄습한다.

부모의 불안감은 자녀의 특성, 관심 사항을 돌아볼 여유를 갖지 못하게 한다. 오직 자녀의 학교 성적과 시험의 난이도, 수능 예상 문제 등 실시간으로 정보를 업데이트하고 다른 학부모들과 공유한다. 마치 올림픽에 출전하는 선수를 훈련시키는 감독 같다.

공부를 잘하는 자녀를 둔 부모는 어깨를 펴고 다닌다. 자녀가 성적이 좋으면 그 부모는 주변 학부모들의 부러움을 산다. 자녀가 성적이 나쁘면 다른 부모들 앞에 나서기가 부담스럽다. 자연스럽게 성적이 좋은 자녀의 학부모들만의 모임이 구성된다.

이러한 부모의 무조건적인 관심을 인지한 자녀는 부모에게 보이기 위한 성적에 점점 몰두한다. 오로지 성적으로 자신을 평가하는 부모님을 위해서 진정한 공부가 아닌, 오로지 시험을 잘 보기 위한 공부에 집착한다.

아무리 노력해도 부모를 만족시킬 수 없다고 판단한 자녀의 시선은 항상 부모의 눈치를 살핀다. 자신의 행동에 대한 부모님의 시선이 두려운 것이다. 지금까지 무한한 사랑으로 자신을 감싸던 부모님이 어쩐지 무섭게 느껴진다.

세상의 모든 부모는 자녀가 막 태어났을 때는 생명 그 자체만으로도 감격한다. 하지만 어느 순간부터 자녀를 판단하는 기준은 학업 성적이 되었다. 자녀의 스트레스는 점점 높아지고 스트레스를 해소할 돌파구를 찾게 된다. 게임이 그중 하나이다. 게임만큼 부담없이 쉽게 접할 수 있는 활동은 찾아보기 힘들다.

자녀는 숨이 막힐 것 같은 분위기에 집안보다 바깥에 있는 게 더 편해진다. 이러한 불편한 환경의 도피처로 게임을 선택한다. PC방에 가서 두려운 부모의 시선에 신경쓰지 않고 게임을 한다. 뫼비우스의 띠처럼 악순환이 계속 반복된다.

부모는 왜 대학 입시에 사활을 걸고 자녀를 코너로 몰아붙이는 걸까?

입시, 교육정책의 이면에는 대한민국 사회의 보이지 않는 의식이 자리 잡고 있다. 어느 개그 프로에서 "1등만 알아주는 더러운 세상"이라는 말이 유행했듯이 1등 이외에 나머지는 쳐다보지 않는 무서운 시선이 있다. 명문대를 다닌다고 하면 바라보는 시선이 달라진다. 올림픽에서 금메달을 놓쳐 죄송하다며 펑펑 우는 은메달리스트 선수도 있다. 출신 고등학교를 기준으로 친구를 평가하는 대학생들도 있다. 사회적 지위와 명예에 따라 사람을 바라보는 시선이 천차만별로 달라진다. 사회의 생각이 가정에 영향을 주고 이러한 생각은 가정의 구성원들에게 고스란히 전해진다. 부모의 생각이 자녀에게 그대로 전달되는 것이다.

"쟤는 공부 못하니까 같이 어울리지 마라",

"너는 좋은 성적을 받고 명문 대학에 가야 된다."라는 의식이 알게 모르게 주기적으로 자녀에게 주입된다. 자녀는 부모에게 영향을 받으며 세상을 바라보는 잣대를 세운다. 자녀는 점점 부모를 닮아간다. 공부에 대한 부모의 기대가 클수록 자녀는 중간고사, 기말고사, 수학능력시험 등 반복되는 시험을 준비하다가 옳고 그름을 생각할 여유도 없이 성인이 된다. 몸은 성인인데, 마음은 성인이 될 준비를 하지 못하고 대학에 입학하고 사회로 진출하게 되는 것이다.

물론 부모의 입장이 이해가 되지 않는 것은 아니다. 자녀를 키워보지 않고 함부로 말하지 말라고 생각할 수도 있다. 하지만 OECD 국가 중 공부하는 시간이 가장 많은 나라, 소득 대비 사교육비가 가장 많은 나라, 청소년 자살률이 가장 높은 나라. 복잡한 통계를 들지 않더라도 교육정책이 잘못되었다는 사실은 누구나 감지하고 있다.

온전하게 지금의 위치를 지키는 것만으로도 힘에 부친다. 내 한 몸 건사하기도 어려운 시대에 사회의 생각을 바꾸기란 요원한 일인지도 모른다. 오랜 시간동안 쌓이고 쌓여서 견고하게 구축된 성을 어떻게 하루아침에 무너뜨리겠는가. 하지만 전반적인 사회의 생각은 개인의 생각으로부터 만들어진다는 사실을 잊으면 안 된다. 개인이 모여서 사회가 된다. 사회가 변하려면 우선 개인이 변해야 한다.

신분과 직업에 선입견을 갖지 않고 학업 성적만으로 평가하지 않는 사회, 옆에 있는 사람을 경쟁자로 바라보지 않고 동반자로 바라보는 사회를 상상해보자.

뒤처지는 아이가 따라올 수 있도록 배려해주는 사회, 누구나 꿈꾸는 일을 찾을 수 있도록 도와주는 사회, 성적으로 인해 부모와 자녀의 갈등이 없는 행복한 가정이 넘치는 사회. 상상만 해도 가슴이 벅차오르지 않는가.

세상의 모든 변화는 작은 변화로부터 시작된다. 호수에 돌멩이를 던지면 돌멩이가 빠진 곳에서 작은 원이 생겨나서 커다란 원으로 점

점 퍼져나간다. 사회도 이처럼 조금씩, 아주 조금씩 나아지는 것이다. 돌멩이의 크기는 중요하지 않다. 사람들과 힘을 합쳐 커다란 돌멩이를 던져도 좋고 작은 돌멩이를 던져도 좋다. 중요한 것은 돌멩이를 손에 쥐는 일이다. 돌멩이를 손에 움켜쥐고 호수에 던져야 한다. 당신은 돌멩이를 던질 준비가 되었는가?

2장

게임에
빠지는 원인

1. 게임은 재미있다 | 57

2. 적절한 난이도와 보상 | 64

3. 게임을 통한 소통 | 70

4. 성취감을 얻기 위해 | 75

5. 접근성이 좋다 | 80

6. 프로게이머가 되기 위해 | 85

스포츠 게임

스포츠를 소재로 하는 게임으로 액션, 시뮬레이션 게임 장르로 구분되기도 하나, 최근에는 별도의 장르로 구분되는 추세이다. 다양한 스포츠 종목들이 그에 걸맞은 다양한 기법으로 제작되고 있으며, 야구 · 축구 · 농구 등 공식 협회와 라이선스를 체결하여 더욱더 사실화된 데이터와 향상된 그래픽을 통해 스포츠 게임이 실제 경기의 시뮬레이션에 사용되고 있기도 하다. 대표적인 게임으로는 EA의 <FIFA 축구>, <NBA 농구>, <NHL 하키>, <MLB 야구>와 코나미 사의 축구게임인 <위닝 일레븐> 시리즈 등이 있다.

1. 게임은 재미있다

자녀가 게임에 빠지는 이유는 무엇일까? 게임의 어떤 매력적인 요소들이 자녀를 유혹하여 게임 속에서 헤어나오지 못하도록 만드는 것일까?

부모가 게임의 특징에 대해 어느 정도 지식이 있다면 자녀가 게임을 하려는 목적을 제대로 알 수 있다. 그리고 자녀가 올바르게 게임을 할 수 있도록 지도할 수 있고, 긍정적으로 자녀를 이해하고 자녀의 몸과 정신이 건강하게 자라도록 교육할 수 있다.

현재 시판되고 있는 게임은 그 수를 헤아리기 어려울 정도로 많다. 지금 이 순간에도 새로운 게임이 출시되고 있다. 게임은 장르도 다양하고 모든 게임에는 특성이 있다. 부모가 모든 게임을 세세하게 이해하기란 쉽지 않다. 게임이 가지고 있는 공통적인 특징들에 대해 포괄적인 이해를 한 다음, 자녀가 즐기고 있는 게임이 무엇인지 알아보고 그 게임을 집중적으로 살펴보는 게 좋다.

다시 본론으로 돌아와서, 자녀가 게임에 빠지는 원인은 무엇일까?

자녀가 게임에 빠지는 가장 큰 이유는 재미있기 때문이다. 사람은 누구나 항상 재미있는 무언가를 찾고 갈구한다. '재미있다'라는 말은 '좋아한다'라는 의미와 일맥상통한다. 재미있기 때문에 좋아하고 좋아하기 때문에 집중할 수 있는 것이다.

축구를 예로 들어보자. 축구 경기를 좋아하는 사람은 우리나라 축구 리그뿐만 아니라 유럽 축구도 시청하기 위해서 새벽에 알람

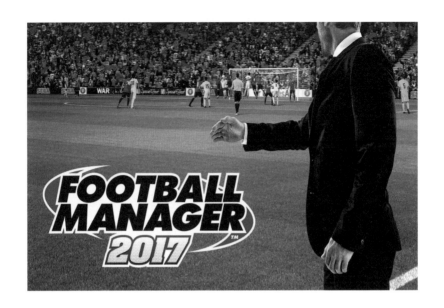

을 맞추고 졸린 눈을 비비며 일어난다. 누가 시키지 않아도 축구 기사를 찾아보고 선수들의 하이라이트 영상을 감상한다. 경기가 끝나면 중요한 장면을 분석해서 커뮤니티에 의견을 올리기도 한다. 또한 실제로 축구를 즐기기 위해서 조기축구 동호회에 가입하기도 한다. '피파온라인', '풋볼매니저' 와 같은 축구 게임을 하면서 실제 선수와 감독이 되는 상상을 하기도 한다. 축구를 좋아하기에 축구와 연관된 지식들을 끝없이 빨아들이고, 이런 과정에서 재미를 느끼게 된다.

게임은 정말 재미있다. 마우스와 키보드를 조작해서 주도적으로 어떠한 행위를 할 수 있다는 점은 커다란 흥미를 가져다준다. 게임을 할 때는 자유롭다. 현실 세계와 게임 속의 세계는 다르다. 게임의 세계 속에서는 원하는 것은 무엇이든지 할 수 있다. 게임 속의 캐릭터는 화려하게 움직인다. 버튼 하나만 눌렀을 뿐인데 화려한 그래픽이 눈앞에 펼쳐진다. 유저의 시선을 단번에 사로잡는다. 무엇을 상상하든 그 이상을 느낄 수 있다.

사람은 재미없다고 생각하는 일에는 금방 싫증을 느낀다. 공부가 재미없다고 생각하는 학생은 책장을 펼치는 순간 잠이 쏟아진다. 일에 흥미를 느끼지 못하는 직장인에게 회사는 생계를 유지하기 위한 수단일 뿐이다. 보람과 재미를 느낄 수 없는 것이다. 반면 공부를 좋아하는 학생과 일을 즐기는 직장인은 매일매일 즐겁고 새롭다. 사람마다 관심사가 다르기 때문에 누군가는 재미있다고 생각하는 일도 누군가는 재미없다고 느낄 수 있다.

부모는 게임에 빠져있는 자녀의 즐거움을 이해하지 못한다. 화면에서 자그마한 캐릭터들이 움직이고 무언가 행동을 하는 것 같은데 도통 뭘 하고 있는지 알 수가 없다. 자녀가 게임을 하고 있는 모습을 보면 같은 동작을 계속 반복하고 있는 것 같은데 도대체 저런 행위에서 무슨 재미를 느끼는지 알 수가 없다. 부모는 게임에 관심이 없을뿐더러 부정적인 선입견을 가지고 게임을 바라보기 때문이다.

하지만 게임을 하고 있는 당사자인 자녀는 단순히 같은 동작을 반복하는 것처럼 보이지만 게임 속의 세상이 흥미롭기만 하다. 만약 자녀가 게임을 하면서 아무런 재미를 못 느낀다면 강제로 게임을 시켜도 하지 않을 것이다.

게임을 직접 실행하는 유저들 역시 게임 장르마다 각자의 선호도가 다르다. 어떤 사람은 전략시뮬레이션 게임을 선호하고 어떤 사람

은 롤플레잉 게임을 선호한다. 사람의 성향에 따라서 즐기는 게임의 선호도가 다른 것이다.

보통 민첩하고 승부욕이 강한 사람은 '스타크래프트', '리그오브 레전드', '오버워치' 등 상대방과 승부가 명확하게 가려지는 게임을 선호한다. 이에 반해 느긋한 성격에 빠른 화면 전환이 부담스러운 사람은 '리니지', '삼국지온라인', '하스스톤' 등 빠른 손놀림이 필요 없고 천천히 즐길 수 있는 게임을 즐긴다.

언제 어디서든 손쉽게 즐길 수 있는 스마트폰 게임만 하는 유저도 있다. 스마트폰 게임은 공간의 제약이 없다. 대중교통을 이동할 때나 공공장소 어디에서든 할 수 있다.

스마트폰 게임 시장은 스마트폰의 보급률에 따라 점점 시장의 규모가 커지고 있다. '카카오톡'과 같은 메신저 서비스와 연동하여 영향력을 점점 확대하고 있다. 단적인 예로 몇 년 전 스마트폰 게임으로 '애니팡'이라는 게임 신드롬이 불기도 했다. 한동안 남녀노소 가리지 않고 누구나 애니팡을 즐기는 모습을 볼 수 있었다. 이외에도

'플레이스테이션'이나 '닌텐도 3DS'와 같은 콘솔 게임을 즐기는 사람도 있다.

게임을 즐기는 사람들에게는 단 하나 공통점이 있다. 게임을 좋아하고 게임을 통해 큰 재미를 느낀다는 점이다. 게임을 좋아하는 이들에게 게임은 재미있는 세상인 것이다.

2. 적절한 난이도와 보상

　게임의 장르를 막론하고 모든 게임에는 특징이 있다. 그것은 게임을 전혀 모르는 초심자도 쉽게 즐길 수 있는 점이다.

　예를 들어 초심자가 숙련자를 상대로 대전 게임을 하면 이기기가 어렵다. 상대방의 능숙한 공격에 이리저리 휘둘리다가 패배의 쓴맛을 보게 된다. 이는 게임에 대한 흥미를 떨어트리고 다른 게임을 찾아 떠나게 만드는 요인이 된다. 게임 회사의 입장에서는 고객을 놓치게 되는 결과를 본 것이다. 게임 회사는 이런 현상을 우려해서 유저의 수준에 맞게끔 게임을 할 수 있도록 유도한다. 모든 게임은 숙련도에 따라 즐길 수 있는 단계가 있고 자신의 실력에 맞춰 해당 단계에서 게임을 즐길 수 있다.

우리나라에서 가장 인기가 있는 '리그오브레전드'라는 게임을 예로 들어보자. 리그오브레전드는 자신의 실력에 따라 등급을 나누고 있는데, 그 단계가 아주 세밀하다. 상위 실력자들이 포진하고 있는 챌린저 등급부터 실력이 부족한 유저들을 위한 브론즈 등급까지 여러 단계의 등급이 존재한다. 상위 등급인 챌린저부터, 마스터, 다이아, 플래티넘, 골드, 실버, 브론즈 총 7개이며 각 등급마다 다시 5단계의 세부적인 등급이 있고 세부적인 등급에서조차 1점부터 100점까지 점수로 순위를 나누고 있다.

본인이 위치한 등급에서 계속해서 연승을 하게 되면 게임 시스템은 유저의 실력이 한 단계 승급할 실력을 가지고 있다고 판단하여 이길 때마다 상위 등급으로 승격이 되고 반대로 게임에서 패배하면

하위 등급으로 내려간다. 게임을 몇 차례 하다 보면 자신의 실력이 어느 정도의 등급인지 알 수 있으며 이러한 시스템으로 인하여 비슷한 실력을 갖춘 유저들끼리 게임을 할 수 있도록 조정된다. 누구나 자신의 수준에 맞게 게임을 즐길 수 있도록 시스템이 알아서 난이도를 조정해주는 것이다.

이렇게 초심자부터 숙련자까지 누구나 자신의 실력과 레벨에 맞게 게임을 즐길 수 있다. 레벨이 높아지면 높아질수록 사용할 수 있는 스킬도 화려하고 다양해진다. 캐릭터가 착용할 수 있는 아이템도 점점 흥미로워진다. 게임 화면 옆에는 유저가 이해하기 쉽도록 설명을 덧붙여 놓는다. 유저가 궁금한 점이 있으면 언제든지 찾아볼 수 있도록 도와준다.

자, 게임 세계에서 벗어나 현실 세계로 돌아오자.

학교라는 세상은 자녀의 입장에서 보면 초심자와 숙련자가 뒤섞인 공간이다. 레벨 1부터 레벨 30까지 전부 같은 반에 포진해 있다. 넓고 푸른 초원에 토끼부터 사자까지 초식 동물과 맹수가 공존하는 곳이다. 조금 과장해서 표현하면 반 꼴찌가 보기에 반 1등은 괴물과도 같다. 도저히 대적할 수 없는 상대다. 하지만 게임에서는 자신과 비슷한 실력의 유저들하고만 어울릴 수 있으니 이보다 기분 좋은 공간이 어디 있겠는가. 또한 게임의 매력적인 특징은 유저의 행위에 대한 즉각적인 보상이 주어진다는 점이다.

공부는 곧바로 성과가 드러나지 않는다. 공부시간과 비례하여 성적이 오르는 사람이 있는가 하면 오랜 시간 동안 제자리걸음을 하다가 갑자기 성적이 수직상승하는 사람도 있다. 하지만 게임은 다르다. 게임 속에서는 어떠한 행위를 했을 때, 그에 상응하는 피드백이 바로 주어진다. 뿌리는 대로 거둘 수 있고 투자한 시간만큼 결과물이 나오기에 자녀는 게임에 점점 빠지게 된다. 게임은 현실적으로 자녀의 입장에서 보면 자존감을 높이는 최고의 방법이다.

우리나라에서 자녀가 부모에게 칭찬을 받을 수 있는 일이 공부밖에 없다고 하면 너무 과한 표현일까. 하지만 공부를 제외하고는 자녀가 부모에게 칭찬을 받으며 자존감을 높일 수 있는 일이 많지 않은 것이 사실이다. 아무리 공부를 업으로 삼는 학생이라지만 칭찬받을 일이 공부밖에 없다는 것은 굉장히 안타까운 현실이다.

이런 현실에서 자녀에게 도피처가 되는 곳이 게임 세상이다. 현실에서는 공부도 못하고 부모에게 인정을 받지 못하는 처지이지만 게임 속에서는 다르다. 게임을 잘하고 레벨이 높아지면 나이, 성별, 직업, 사회적 지위, 여타 어떤 것과 무관하게 존중을 받고 도움 요청을 받을 수 있다.

나는 중고등학생 때 '스타크래프트'라는 게임에 빠지면서 이러한 사실을 직접 경험했다. 나는 공부를 썩 잘하지는 못했지만 친구 관계

가 무난한 평범한 학생이었다.

아무도 나를 주목하지 않았지만 게임에 접속하면 나를 바라보는 주위의 시선이 180도 달라졌다. 알지도 못하는 사람이 한 게임만 해줄 수 없냐며 부탁을 했고, 어떻게 하면 게임을 잘 할 수 있는지 가르쳐달라고 요청했다. 내가 게임하는 화면을 구경하기 위하여 주위로 사람들이 몰려들었다. 내가 자주 다니던 PC방 사장님은 공짜로 게임을 하게 해주었다. 스타크래프트를 좋아하던 PC방 사장님이 내가 게임하는 모습을 보고 싶어 했기 때문이다. 덕분에 학교를 마치면 PC방에서 마음껏 게임을 할 수 있었다. 단순히 게임을 다른 사람보다 조금 잘했을 뿐인데 마치 사회적으로 인정받는 느낌이었다. 집과 학교에서는 경험할 수 없는 일들이었다.

마우스를 잡으면 온몸에서 자신감이 흘러넘쳤다. 고등학교 2학년 때 프로게이머로 데뷔하자 게임을 좋아하는 사람뿐만 아니라 선생님과 친구들도 나를 인정해주었다. 게임 대회를 준비해야 한다고 선생님께 말씀드리면 야간자율학습을 빼주기도 했다.

남에게 인정받을 수 있다는 사실은 당시 어린 나의 가슴 속을 뜨

겁게 만들어주었다. 자존감은 이루 말할 수 없이 높아졌고 그때 느
낀 감정들은 지금도 사회생활에 많은 도움이 되고 있다.

　자녀가 어릴 때는 반강제적으로 부모가 원하는 방향으로 이끌 수
있을지도 모른다. 하지만 자녀가 중학생이 되고 고등학생이 되면 부
모의 충고와 꾸중이 자녀에게 도움이 되기는커녕 부모와 자녀 사이
만 멀어지게 만드는 경우가 빈번하게 발생한다.
　자녀와 서먹한 관계가 되는 가장 좋은 방법이 학업 성적으로 자녀
를 혼내고 기죽이는 것이다. 하지만 이러한 현상이 부모와 자녀 누
구도 원하는 결과는 아닐 것이다. 무엇인가 서로를 이해하는 합일점
이 있어야 되지 않겠는가.

3. 게임을 통한 소통

　인간은 혼자서는 살아갈 수 없는 사회적인 동물이다. 항상 주변 사람들과 공감대를 형성하고 대화를 통해 안정과 행복을 느끼며 삶을 영위한다. 자신과 같은 관심사를 가지고 있는 사람을 만나면 괜히 기분이 좋아지고 대화가 술술 이어지지 않는가.

　게임을 하는 사람들은 친구, 지인들과 게임을 통해 소통을 한다. 자녀는 게임을 통해 모르던 사람들과 깊은 친분을 다지며 사회적으로 성장한다.

　학교에서는 게임을 좋아하는 학생들이 같은 종류의 게임을 하는 친구들과 어울린다. 그들은 쉬는 시간, 점심 식사 시간에 게임을 주제로 이야기하고 소통한다. 어제 함께 즐겼던 게임에 대해 말하기도 하고, 프로게이머의 방송 경기를 보고 열띤 논쟁을 벌이기도 한다.

아무리 재미있는 취미활동이라도 혼자 하는 것은 한계가 있다. 혼자 하면 재미가 없고 지속하기 어렵다. 사람이 무언가에 깊이 빠질 때는 항상 다른 누군가와 함께할 때이다. 골프에 빠진 사람은 골프를 좋아하는 다른 사람들과 같이 골프를 이야기하며 친목을 다지며 실력을 향상시킨다. 산을 좋아하는 사람은 등산 동호회에 가입하여 다른 사람들과 함께 산에 오른다. 무엇이든지 함께하면 재미가 배가 된다. 게임 역시 마찬가지다.

나는 중학생 시절 게임에 푹 빠졌다. 스타크래프트가 출시되기 이전에는 같은 학원에 다니는 친구들과 어울렸다. 하지만 스타크래프트에 빠진 이후에는 함께 게임을 하는 친구들을 주로 만났다. 누가 더 실력이 우세한지 겨루기 위해서 우리들끼리 리그전을 하기도 하고, PC방 대회에 출전하기 위해 함께 연습을 하기도 했다. 스타크래프트라는 게임 자체의 매력도 대단했지만 누가 뭐라고 해도 친구들과 함께 즐길 수 있다는 사실이 훨씬 재미있었다. 친구를 만나기 위해 게임을 하는지 게임을 하기 위해 친구를 만나는지 모를 정도였다.

우리들은 주말이 되면 아침 일찍 대로변에 있는 편의점 앞을 약속장소로 정하고 만났다. 친구들이 다 모이면 같이 PC방으로 향했다. 당시 대부분의 PC방은 시간당 천 원이었는데 한 친구가 말하기를 오전에는 오백 원으로 할인을 해주는 PC방을 찾아냈다는 것이다. 우

리는 서로 얼싸안고 함성을 질렀다. 거리는 멀었지만 돈이 부족했던 우리는 왕복 버스비를 아끼기 위해 한 시간 거리를 걸어서 갔다. 버스비만 아껴도 세 시간은 더 게임을 즐길 수 있었기 때문이었다. 평소에는 아침에 부모님이 깨워줘야 마지못해 일어났지만 PC방에 가는 주말에는 부모님이 깨워주지 않아도 눈이 번쩍 뜨였다. 이는 친구들도 마찬가지였다. 아마 혼자서 그렇게 게임을 하려고 했으면 못했을 것이다. 게임을 즐겁고 재미있게 할 수 있었던 것은 친구들 덕분이다. 나는 게임을 통해 친구들과 우정을 쌓았다.

지금 와서 생각해보면 부모님은 게임에 빠진 아들이 주말마다 친구들을 만나서 게임만 한다고 걱정이 많으셨을 것이다. 게임하러 가듯이 공부를 잘하는 친구를 사귀어서 공부를 하기 위해 도서관에 같이 갔으면 얼마나 좋아하셨을까.

하지만 친구들과 같이 게임하는 것은 다른 어떤 무엇보다 큰 즐거움을 주었다. 지금도 그때 친구들을 만나면 중학생 시절로 돌아가는 기분이 든다. 게임과 친구들은 내게 잊을 수 없는 추억을 만들어주었다.

≪게임 프레임≫의 저자 애런 디그넌은 이렇게 말했다.

"게임은 공동의 언어와 목표를 제공함으로써 우리를 하나로 묶어 단결시킨다. 사람들은 멋진 게임을 하고 나면 한자리에 모여 앉아 먹고 마시며 그날의 무용담을 나눈다. 패배한 쪽은 실수를 안타까워하고 이긴 쪽은 승리를 즐긴다. 그리고 어느 쪽이건 함께 웃는다. 게임이 우정을 돈독하게 해주는 매개물이라는 데에는 의심의 여지가 없다."

게임을 통해 친구들과 친해지면서 게임 이외에 것들에 대해서도 서로의 고민을 나누었다. 공부는 어떻게 하면 잘 할 수 있는지, 어떤 고등학교에 입학할지, 진로를 어떻게 정해야 할지 등과 같은 대화를 주고받았다. 부모님과 선생님에게는 말할 수 없는 속마음도 친구들에게는 털어놓았다. 간혹 유치하게 장난치기도 하고 사소한 일로 다투기도 했지만 상대방을 배려하는 방법도 자연스럽게 배우게 되었다. 나는 혼자서 무언가에 홀리듯 게임하는 것은 걱정할만한 일이지만 친구들과 어울리며 함께 게임을 즐기는 것은 좋은 점이 많다고 생각한다.

나는 지금도 일을 마치고 집에 돌아오거나 주말이 되면 게임을 즐기지만 가능하면 친구들을 초대하여 함께 즐긴다. 혼자서 하면 재미가 없다. 단순히 게임을 통해서 재미를 느끼기도 하지만 친구들과 함께할 때만큼 재미있지 않다.

"누가 누구보다 잘했느니", "너는 왜 이렇게 못하느니" 하면서 놀리고 대화를 주고받는 것도 재미있다.

사회에서도 게임이라는 매개체를 통해 공감대를 형성한다. 스마트폰으로 게임을 즐기는 직장인이 참 많다. 그들은 게임을 하지 않는 동료들에게 함께 게임을 할 수 있도록 게임을 추천하기도 한다. 함께 게임을 함으로써 공감대를 형성하고 즐거움을 느끼기 위함이다. 게임을 하면서 서로 간의 유대감이 높아지고 업무에 대한 이야기를 할 때도 훨씬 편안해진다.

미국의 여성 게임프로듀서이자 ≪누구나 게임을 한다≫의 저자 제인 맥고니걸은 이렇게 주장했다.

"게임의 유행 덕분에 협업과 문제 해결의 달인이 양성되고 있다."

게임을 통해서 주변 사람들과 소통할 수 있는 힘을 키우고 문제해결에도 큰 도움이 된다는 뜻이다. 게임을 통해서 보다 더 좋은 세상, 더 행복한 세상을 만들 수 있다고 주장하는 그녀의 주장에 공감한다.

4. 성취감을 얻기 위해

사람은 누구나 자신이 원하는 무언가를 이루고자 하는 마음을 가지고 있다. 목표를 설정하고 그 목표를 달성하는 과정에서 희열을 느낀다. 노력을 기울여 준비한 프로젝트를 성공적으로 마무리 했을 때 느끼는 짜릿함은 이루 말할 수 없다. 운동선수들은 경기에서 승리할 때의 쾌감을 즐긴다. 축구 선수는 골을 넣으면 기쁜 얼굴로 운동장을 가로지르며 세레머니를 한다. 사람은 저마다 좋아하는 일과 관심사가 다르지만 자기가 하고 있는 일에 노력하고 성취하려고 한다. 성취의 크기에 상관없이 무언가를 이룰 수 있다는 사실은 그 자체만으로 설레는 일이고 개인에게 있어서 한 단계 발전하고 성장하는 기회가 된다.

미국의 과학저술가 스티븐 존슨은 저서 ≪바보상자의 역습≫에서 이렇게 말했다.

"우리가 게임에 푹 빠지는 이유는 매우 기본적인 형태의 욕구 때문이다. 그것은 앞으로 어떤 일이 펼쳐질지 확인하고야 말겠다는 욕구이다."

게임은 다양한 방법으로 유저에게 호기심을 가지도록 하고, 게임을 하는 과정을 통해 그 호기심을 충족시켜준다. 한마디로 성취감을 느낄 수 있는 최적의 상황을 제공해준다.

'디아블로'를 예로 들어보자.

디아블로는 우수한 게임성으로 인해 3편까지 출시된 인기 게임이다. 탄탄한 스토리를 바탕으로 매력적인 요소들을 겸비하였기에 유저는 디아블로를 하면 할수록 빠져들게 된다. 디아블로는 진행하면 할수록 새로운 모험이 눈앞에 펼쳐진다. 마치 스릴러 영화를 보는 것 같은 흡입력은 유저의 호기심을 끊임없이 자극한다. 호기심의 끝에는 대망의 엔딩이 기다리고 있다. 유저에게 주어지는 보상도 성취욕구를 북돋는다. 유저가 바라는 아이템이 나올 확률은 크지 않지만 그럼에도 불구하고 낮은 확률에 당첨되기 위해서 오랫동안 시간을 들이고 게임에 빠져든다. 바라던 아이템이 눈앞에 나타나는 순간 그 쾌감은 엄청나다. 아이템을 사진으로 찍어서 인터넷 커뮤니티 사이트에 게시하는 사람도 있다.

"제가 엄청 고생해서 이 아이템을 얻었습니다. 아이템의 능력이 정말 대단하지 않나요?"라며 마음껏 자랑을 한다. 게임을 좋아하는 사람들은 댓글로 화답한다. "우와, 이 아이템은 대박이네요", "어디서 얻으셨어요?, 정보 좀 가르쳐주세요."

유저는 이러한 댓글을 확인하면서 기쁨의 미소를 짓는다.

사실 게임뿐만 아니라 다른 취미 생활을 통해서도 성취감을 맛볼 수 있다. 축구를 좋아하는 사람을 수비수를 제치고 골을 넣었을 때 성취감을 느끼고, 그림 그리기를 좋아하는 사람은 하나의 작품을 완성했을 때 뿌듯함을 느낀다.

공부도 잘하면 성취감을 얻을 수 있다는 점에서 다른 활동과 크게 다르지 않다. 하지만 공부는 기본적으로 어느 정도 시간을 쏟아붓지 않으면 실력이 늘지 않는다. 화산이 오랜 시간 동안 이글거리다가 한순간에 갑자기 거대한 화산재를 쏟아내며 분출하는 것처럼 공부로 성취를 얻기 위해서는 많은 시간이 필요하다. 화산이 한번 뿜어져 나오면 그 기세는 대지를 뒤흔든다. 자녀를 공부 잘하는 아이로 키우고 싶다면 작은 성취부터 느낄 수 있도록 목표를 아주 천천히, 조금씩 상향하는 것이 바람직하다.

사람은 누구나 최대한 효율적으로 살고 싶어한다. 누구나 짧은 시간을 들여 큰 성과를 거두고려고 한다. 직장인은 출퇴근 시간을 줄이기 위해 회사 근처로 집을 구하고 점심시간을 아끼기 위해 밥 대신 샌드위치를 사 먹기도 한다. 기업은 어떻게 하면 더 효율적으로 제품을 생산할 수 있을지 끊임없이 고민한다. 사회와 과학의 발전은 삶의 효율을 극대화하기 위한 방향으로 움직이고 있다.

적은 시간을 들여서 큰 기쁨을 취할 수 있는 일이 있다고 하면 누구나 좋아하지 않을까?

게임은 이런 바람을 단번에 만족시켜준다. 만약 아무리 열심히 해도 실력이 오르지 않는 게임이나, 몬스터를 아무리 처치해도 원하는 아이템이 나오지 않는다면 유저들은 더 이상 그 게임을 하지 않을 것이고 결국 게임을 제작한 게임 회사는 서비스를 종료해야만 할 것이다. 계속해서 이런 게임을 출시하다가는 회사가 문을 닫게 되는 상황에 직면할지도 모른다. 이러한 유저들의 심리를 잘 알고 있는 게임 제작사들은 기본적으로 게임은 쉽게 시작할 수 있되 유저에게 만족감과 성취감을 줄 수 있도록 게임을 설계한다. 이런 이유로 인해서 게임을 좋아하는 자녀는 오늘도 컴퓨터를 켜고 게임을 실행하는 것이다.

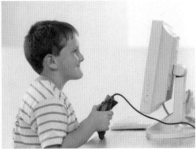

5. 접근성이 좋다

　게임의 가장 큰 장점이자 단점 중 하나는 접근이 용이하다는 점이다. 우리 주변을 살펴보면 쉽게 PC방을 쉽게 찾을 수 있다. 남녀노소 가리지 않고 누구나 마음만 먹으면 언제든지 PC방에서 게임을 즐길 수 있다. 1990년 대부터 PC방이 곳곳에서 문을 열었고, 창업의 아이템으로 많은 사람들이 PC방 사업을 시작했다.

　스타크래프트를 필두로 '레인보우 식스', '포트리스', '퀘이크', '카운터스트라이크' 와 같은 게임들은 사람들을 PC방으로 모이게 만들었다. PC방 사업이 호황기를 지나 성숙기에 들어섰을 때, 스타크래프트의 인기가 식는 순간 PC방 시장은 곧 내리막길을 걷게 될 거라고 예측한 사람들이 많았다. 나도 그중에 한 명이었다. 스타크래프

트를 대체할 수 있는 게임은 나올 수 없을 것이라고 생각했다. 그만큼 스타크래프트는 게임 시장의 확장을 주도한 게임이었다 하지만 이러한 생각은 기우에 불과했다. 현재 전국 PC방 개수는 15,000개나 된다. PC방 시장이 호황기일 때와 비교하면 PC방 개수는 점점 줄어들고 있는 추세이지만 지금도 PC방에 가면 앉을 자리가 없을 정도로 많은 이들이 게임을 즐기고 있다.

지금은 굳이 PC방에 가지 않더라도 언제 어디서든지 게임을 즐길 수 있다. 예전에는 집에서 원하는 대로 인터넷을 하기가 힘들었다. 인터넷을 하려면 모뎀이라는 기기를 컴퓨터에 부착하고 모뎀에 일반 전화선을 연결해야 했는데, 인터넷을 하는 동안은 유선 전화를 사용할 수 없었다. 모뎀을 설치하는 작업도 번거로웠고 인터넷을 하는데 드는 비용도 만만치 않았다. 따라서 부모님 눈치 안 보고 편하게 게임을 즐기려면 PC방에 가야 했다.

현재는 1가구 1컴퓨터는 기본이고 무선 인터넷을 이용하지 않는 가정은 거의 없다. 더불어 스마트폰도 개인당 하나씩 대부분 가지고 있다. 이 모든 기기를 활용해서 인터넷을 할 수 있고 게임을 할 수 있다. 손만 뻗으면 게임을 즐길 수 있는 최적의 환경이 조성되었다. 그러나 게임에 쉽게 접근할 수 있는 만큼 게임의 과몰입 위험도 함께 높아지고 있다. 게임과 더불어 미디어기기를 슬기롭게 이용할 수 있는 지혜가 필요한 이유다.

어찌 되었던 게임은 아주 쉽게 접할 수 있다는 것이 현실이다. 컴퓨터로 모르는 지식을 찾다가 잠시 쉬기 위해 게임에 손이 갈 수 있다. 자기 전에 누워서 스마트폰으로 게임을 할 수 있다. 누워서 손만 뻗으면 할 수 있는 활동, 손가락만 조금 움직이면 즐길 수 있는 활동, 이보다 더 쉽게 즐길 수 있는 활동이 또 있을까?

때때로 게임 자체가 가진 특성보다 환경적인 요인으로 인해 게임을 하는 사람들도 있다. 어떤 사람은 무료한 시간을 보내기 위해서 게임을 즐긴다. 시간은 많은데 일이나 공부는 손에 잡히지 않고 마땅히 할 게 없으니 자연스럽게 게임에 손이 가는 것이다. 게임은 심심한 사람들에게 지루함을 해소해주는 역할을 한다. 나이, 성별, 학벌을 불문하고 시간을 보내는 데 게임만한 것이 없다. 이른바 '킬링타임(killing time)'이라고 하는데, 특별한 목적없이 시간을 보내기 위해 하는 행동을 의미한다.

현실적으로 자녀 세대의 놀이문화는 극히 제한적이다. 이러한 상황에서 게임은 마른 가뭄에 단비와 같은 역할을 한다. 게임은 언제 어디서든지 즐겁게 할 수 있기 때문이다. 텔레비전을 켜서 드라마를 보거나 예능 프로그램을 보면서 시간을 보내는 것과 유사하다.

단순히 시간을 보내기 위해서 게임을 하는 것은 큰 문제가 되지 않는다. 하지만 마음속에 있는 공허함, 특히 현실에서 회피하기 위한 목적으로 게임을 하는 것은 위험하다. 수단과 목적이 바뀌었기 때문이다. 게임은 시간을 보내기 위한 하나의 수단일 뿐이지 게임 그 자체가 목적이 아니다. 맹목적으로 게임을 하는 자녀들은 눈가리개를 착용한 경주마처럼 주변을 보지 못하고 눈앞에 있는 컴퓨터만 바라보게 된다. 부모는 이런 일이 생기지 않도록 자녀를 지켜봐야 한다.

김성은 작가의 ≪부모가 주고 싶은 사랑, 아이가 원하는 사랑≫에는 다음과 같은 대목이 있다.

"자녀가 자신의 요구가 제대로 수용되지 않고 부모가 자신의 감정을 제대로 이해해주지 않으면 아이는 불안과 허전함을 게임으로 채우려 합니다. 가상의 현실로 대리만족을 하는 것이지요. 그 결과 더 폭력적인 것들을 찾게 됩니다."

자녀가 게임을 건전하게 하는지 아니면 게임에 의존한 채로 습관적으로 하는지는 자녀와 대화를 해보면 알 수 있다. 만일 자녀가 게임에 의존하고 있다고 판단되면 부모는 자녀에게 특별히 관심을 기울여야 한다. 혹시 자녀에게 말 못할 고민이 있는 것은 아닌지 살펴보고 대화해야 한다. 그리고 자녀에게 상처가 되는 말을 한 적은 없는지 생각해보고 자녀가 원하는 게 없는지 관심을 기울여야 한다. 게임 그 자체가 목적이 되는 일이 없도록 살피고 또 살펴야 한다.

6. 프로게이머가 되기 위해

　조금 특수한 경우이지만 프로게이머가 되기 위해서 목표를 설정하고 게임을 하는 경우도 있다. 프로게이머는 말 그대로 취미나 오락의 개념이 아닌 게임을 하는 자체가 일인 직업이다. 축구선수는 축구하는 것이 일이고, 골프선수는 골프하는 것이 일이다. 프로게이머 역시 마찬가지다. 박지성, 손흥민 같은 프로 축구 선수들이 국민들의 사랑을 받으며 부와 명예를 거머쥐고, 박세리, 박인비 같은 세계적인 골프 선수들은 국민들의 아낌없는 사랑을 받는다. 프로게이머 역시 게임의 세계에서는 그들 못지않은 부와 명예를 거머쥘 수 있다. 프로 선수들은 기업과 연봉계약을 통해 수입이 발생하며 소속 구단을 위해 열심히 활약한다.

프로게이머도 다른 스포츠 스타처럼 기업의 후원을 받으며 오늘도 마우스를 움직이고 있다. 사람은 지속적이고 미래지향적인 것에 열광한다. 어렸을 때 즐겨했던 놀이들 중 딱지치기, 팽이 돌리기 같은 일을 하면서 돈을 버는 사람은 없다. 전 세계에서 딱지치기를 가장 잘한다고 해도 딱지치기로 수입을 얻지 못하기 때문에 프로 딱지치기 선수라고 하지 않는다. 따라서 프로게이머는 게임을 하면서 돈을 버는 것을 전제로 하는 직업이라고 볼 수 있다.

1990년대 중후반부터 프로게이머는 직업으로서 사회에 알려졌다. 이전에는 게임 대회에 참가한 선수가 입상해서 상금을 받으면 불로소득으로 인정되어 세금을 많이 냈다. 불로소득은 노동의 대가로 얻은 임금이나 보수 이외의 소득을 말한다. 게임으로 인해 벌어들인 소득을 노동의 대가로 보지 않은 것이다. 하지만 지금은 프로게이머가 어엿한 직업으로 인정받고 있다. 대회에 출전하여 우승을 해서 상금을 획득해도 불로소득세금을 내지 않는다. 프로게이머에 대한 인식도 점점 좋아지고 있다. 임요환, 홍진호, 이상혁과 같은 프로게이머는 대중에게 널리 알려져 있으며 지상파 방송에서 게임에 대한 홍보와 유익함에 대하여 토론하기도 한다.

어느덧 프로게이머는 성공한 10대의 상징이 되었다. 뛰어난 실력을 보유한 프로게이머는 억대 연봉을 받으며 게임을 하고 있다. 게임을 좋아하는 사람들은 프로게이머의 경기를 보며 열광하고 그들

의 일거수일투족을 알고 싶어한다. 그들의 경기를 보기 위해 실제로 경기장을 찾아가기도 하고 '아프리카TV'와 같은 방송에서 프로게이머의 게임경기를 찾아보기도 한다.

프로게이머는 게임을 좋아하는 청소년들이 선망하는 직업 중에 하나이며, 그 인지도 역시 점점 상승하고 있는 추세다. 유명 프로게이머의 경우 팬 사이트가 운영되기도 하며 대학교의 축제나 이벤트에 초청되기도 한다. 게임을 좋아하는 10대들은 프로게이머의 경기를 보며 그들을 동경하고 그들처럼 되고 싶어한다.

"하루 종일 게임만 하다가 나중에 커서 뭐가 될래?"라는 핀잔을 듣던 아이들은 "프로게이머가 될 거야"라고 당당하게 말할 수 있게 되었다. 물론 프로게이머가 되기 위해서는 부단한 노력과 게임 실력이 필수적이다. 또한 프로게이머가 되기 위한 경쟁은 무척 치열하다. 또한 프로게이머가 되었다고 해서 모든 프로게이머들이 성공하는 것은 아니다. 지금도 많은 이들이 프로게이머에 도전하고 프로게이머의 문턱을 넘지 못하고 포기하기도 한다.

혹시 자녀가 프로게이머가 되고자 한다면 진지하게 자녀와 대화를 나눌 필요가 있다. 게임을 단순히 즐기는 것과 프로게이머로서 게임을 하는 것은 차원이 다른 이야기다. 프로게이머가 되는 것은 인생의 진로로써 직업을 구하는 의미다.

부모들은 자녀가 과학자, 판사, 의사, 정치가 등의 장래 포부를 말하면 대견스럽게 생각하여 주위 사람들에게 자랑한다. 부모님들이 생각하기에 지금까지 그런 직업들이 사회적으로 인정을 받으며 안정된 생활이 보장된다는 인식 때문이다. 하지만 그것은 부모의 바람을 자녀에게 주입한 결과가 아닐까?

세상은 끊임없이 변화하고 있고 선호하는 작업의 만족도 또한 천차만별이다. 직업의 선택에 대한 결정은 자녀의 미래가 걸려있기 때문에 성급하게 대응하면 곤란한 상황에 직면할 수도 있다.

예를 들어 어떤 학생이 "저는 과학자가 되고 싶어요."라고 이야기하면 왜 과학자가 되고 싶은지, 과학의 어떤 점이 좋은지, 진심으로 과학자가 되고 싶은지 등을 대화해야 한다. 자녀가 진정으로 원하는 것인지 아니면 순간적인 호기심이 발동한 것인지는 자녀와의 대화를 통해 소통하고, 꾸준한 관심을 기울이면 알 수 있다.

프로게이머도 마찬가지다. 자녀가 정말 게임을 좋아하고, 게임에 재능이 뛰어나다고 판단해서 프로게이머가 되고자 하는 것인지, 아니면 공부는 하기 싫고 딱히 뭘 해야 할지 생각해보지 않았기 때문에 막연하게 프로게이머가 되고자 하는 것인지, 부모가 자녀의 마음을 확실하게 살펴볼 필요가 있다.

프로게이머는 매력적인 직업이다. 나는 프로게이머 생활을 통해서 많은 것들을 배우고 돈으로 환산할 수 없는 많은 일들을 체험했

다. 수많은 관중 앞에서 환호를 받으며 게임을 할 때의 설렘과 긴장감을 경험했고, 동료들과의 단체 생활을 통해서 상대방을 배려하는 방법을 알게 됐다. 방송에 출연해 카메라를 보며 떨리는 목소리로 인터뷰를 하기도 했다.

나를 좋아하고 응원해주는 팬들과의 교류를 통해 좋은 인간관계를 맺을 수 있었다. 돈을 벌면서 게임을 할 수 있었다. 무엇보다 좋은 점은 나 자신 스스로 세상을 좀 더 긍정적으로 바라보게 되었고, 높아진 자존감으로 인해 나 자신을 전보다 더 사랑할 수 있게 된 일이다.

모든 일에는 장, 단점이 있고 밝은 면과 어두운 면이 있다. 프로게이머도 마찬가지다. 프로게이머로서의 수명은 3년에서 길어야 5년 정도다. 많은 선수들이 프로게이머를 그만두고 난 이후의 삶에 큰 불안을 느낀다. 프로게이머로 성공하면 그나마 다행이지만 방송 경기에 얼굴도 제대로 비치지 못하고 프로게이머로서의 삶을 그만두는 선수들이 허다하다. 유명 선수들의 연습 상대로 프로게이머 생활을 하다가 포기하는 사람들도 많다. 프로게이머가 되는 것조차 쉽지 않을뿐더러 프로게이머가 되었다고 해서 모든 선수가 인정받는 것도 아니다. 프로게이머의 세계에서는 승자와 패자가 명확하기에 경기에서 졌을 때 받는 스트레스는 말로 설명할 수 없을 정도다.

내 인생에 있어 프로게이머로서 활동한 시간들은 이루 말할 수 없이 행복한 순간들이었다. 하지만 프로게이머를 그만두고 난 이후의 삶도 만족스럽고 행복하다.

지금 하고 있는 일은 힘들 때도 있지만 보람을 느낄 때가 더 많다. 일을 마치고 마시는 맥주 한 모금은 내가 온전히 사회의 일원으로서 살아있음을 느끼게 해준다. 지금처럼 행복한 나날을 보낼 수 있는 것은 학업을 포기하지 않은 덕분이다. 부모님은 내가 프로게이머를 하고 있어도 학업을 중단하지 않게끔 관심과 지원을 아끼지 않으셨다. 내 평생에 걸쳐 보답해드려야 할 빛이다. 나의 부모님에게 항상 감사한 마음을 가지고 있다.

3장
게임,
무조건 나쁜 것일까

1. 게임은 두뇌에 좋다 | 95

2. 게임은 스트레스 해소 창구다 | 99

3. 게임은 자신감을 키워준다 | 102

4. 게임은 자녀의 상상력을 키운다 | 106

5. 게임은 자녀 세대의 놀이문화이다 | 111

1인칭 슈팅 게임(FPS, First Person Shooting)

게임 플레이어가 1인칭 시점으로 게임을 플레이하는 슈팅 게임으로, 게임 화면이 진행되는 동안 자기가 직접 게임을 하고 있다는 상상을 하게 해주는 게임 장르이다. 대표작으로는 <둠>, <퀘이크>, <언리얼>, <레인보우 식스>, <카운터 스트라이크>, <하프 라이프> 등이 있고, 온라인으로는 <서든 어택>, <스페셜 포스>, <아바> 등이 대표작이다.

1. 게임은 두뇌에 좋다

　인간은 유일하게 도구를 사용하는 만물의 영장이다. 도구는 사람이 활용하기에 따라서 쓰임의 용도가 다르다.

　요리사는 식칼로 맛있는 음식을 조리하지만 흉악범은 식칼을 흉기로 이용한다. 핵으로 전기를 만들 수도 있지만 폭탄을 만들 수도 있다. 어떤 도구든 적절하게 활용한다면 도구의 장점을 극대화할 수 있다. 도구가 문제가 아니라 도구를 이용하는 사람이 문제인 것이다. 게임도 마찬가지다.

　이 장에서는 게임을 유용하게 활용한다는 전제하에 게임의 장점에 대해서 이야기해보려고 한다.

　먼저 게임은 두뇌에 좋다는 연구 결과가 있다.

미국 토론토 대학교 심리학 교수 이안 스펜서는 1인칭 슈팅 게임을 즐기면 주변 시각 정보를 빠르게 인식하고 주의력이 향상된다고 발표했다.

스펜서 교수는 게임을 전혀 해보지 않은 사람들을 2개 그룹으로 나눠 한 그룹에게는 10시간 동안 1인칭 슈팅 게임을, 다른 그룹에게는 3차원 퍼즐 게임을 즐기도록 했다. 두 그룹에게 충분히 게임을 즐기게 한 이후 각 그룹의 뇌파를 기록했다.

실험 결과, 게임을 즐긴 이용자들은 뇌파의 변화가 상대적으로 컸으며 이는 주의력 향상 등 다양한 효과로 나타났다. 실험 결과 1인칭 슈팅 게임을 즐긴 그룹이 퍼즐 게임을 즐긴 그룹보다 몇 배 높은 변화 수치를 보였다. 또한 1인칭 슈팅 게임이 가진 폭력성이 이와 같은 긍정적인 효과를 부정하는 계기가 되는 것처럼 보이지만 실제 폭력 요소는 실험 결과에 별다른 영향이 없는 것으로 밝혀졌다. 게임을 하면 두뇌가 활성화되고 머리는 재빠르게 회전한다는 연구결과다.

1인칭 슈팅 게임은 게임을 플레이하면서 다음에 무엇을 할지 즉각적으로 판단해야 한다. 반사 신경이 뛰어나고 화면을 명확하게 볼수록 유리한 게임이다. 유저는 게임을 하면서 마우스와 키보드를 활용하여 재빠르게 명령을 내리고 피드백을 받아들인다.

액션 게임은 두뇌 개발용 게임보다 인지능력 강화효과가 높다는 연구결과도 있다.

미국 위스콘신대학교 매디슨 캠퍼스 숀 그린 박사와 캘리포니아대학교 리버사이드 캠퍼스 아론 자이츠 박사는, 게임과 두뇌 기능의 상관관계를 연구했다. 연구 결과, 게임을 통한 인지능력은 지식, 이해력, 사고력, 문제해결력, 창의력과 같은 정신 능력을 향상시킨다는 것이다.

하지만 긍정적인 연구 결과만 있는 것은 아니다. 게임의 해악을 다루거나 중독성에 대해 우려를 표명하는 연구 결과도 많다. 게임에는 긍정적인 측면과 부정적인 측면이 동시에 존재하고 있으며 지금도 이에 대한 논의가 계속 이어지고 있다. 이렇게 다양한 의견이 분분하다는 것은 게임을 바라보는 관점에 따라 좋을 수도 있고 나쁠 수도 있다는 것을 시사한다. 인간이 도구를 사용하는 관점에 따라 약이 될 수도 있고 독이 될 수도 있다.

나는 개인적으로 자녀가 게임을 하면서 일상생활에 큰 영향을 주지 않는다면 게임은 이점이 많은 도구라고 생각한다. 사람은 자기가 보고 싶은 것만 보고 듣고 싶은 것만 듣는 경향이 있다. 어떤 색깔의 안경을 끼고 세상을 바라보느냐에 따라 세상의 색깔은 달라진다.

당신은 어떤 색의 안경을 통해 세상을 바라보고 있는가?

2. 게임은 스트레스 해소 창구다

스트레스를 받지 않고 살아가는 사람은 없다. 직장인 중에는 회사 안에 있는 것만으로도 스트레스를 받는 사람이 있다. 상사에게 듣는 꾸지람, 끝이 없는 야근과 잔업, 억지로 참여하는 회식과 숙취, 주말 출근 등으로 고통을 받는다. 심지어 점심, 저녁 메뉴로 무엇을 먹을지 고민하느라 스트레스를 받기도 한다.

운동선수는 엄청난 성적 압박 스트레스에 시달린다. 올해 어떤 성적으로 시즌을 보냈느냐에 따라서 팬들의 관심을 받을 수도 있고 기억 속으로 사라질 수도 있다. 올해 성적은 다음 시즌 연봉 계약으로 이어진다. 성적에 따라서 거머쥘 수 있는 부와 명예가 달라지는 것이다. 어떤 일을 하든지 또는 어떤 상황에 있든지 스트레스를 받지 않을 수는 없다.

자녀 또한 여러 가지 요인으로 스트레스를 받겠지만 학생의 신분으로서 학업으로 인한 스트레스를 가장 많이 받을 것이다. 중간 고사, 기말 고사를 포함하여 수시로 보는 쪽지시험과 다양한 평가 등으로 자신의 성적이 매겨진다. 성적이 좋든 안 좋든 성적은 숫자로 나타나고 이를 부모에게 확인받아야 하는 자녀는 힘들 수밖에 없다.

내가 학교를 다닐 때만 해도 지금처럼 경쟁이 심하지 않았다. 학교는 공부를 하는 공간이기도 하지만 살아가는 데 필요한 인성과 기초교육을 받기 위한 곳이었다. 학교는 교사와 학생이 유대감을 가지고 서로 어울리는 공동체 생활을 배우는 울타리였다.

하지만 지금의 학교는 좋은 성적을 받아 좋은 대학으로 진학하기 위한 디딤돌 정도로 인식되는 것 같아 안타까운 마음이 들 때가 있다. 학습에 대한 압박은 점점 심해지고, 경쟁은 더욱 치열해지고 부모가 원하는 대학은 매우 한정적이다.

이러한 현실에서 자녀는 스트레스를 어디에 풀어야 될까? 우리나라에 학생이 스트레스를 풀 수 있을만한 공간이 있기는 한 것일까?

예전에는 학교 운동장에 삼삼오오 모여서 놀이를 하거나 운동을 하면서 스트레스를 해소했다. 지금 학교 운동장은 텅 비어있다. 자녀들은 운동장 대신 학원으로 발걸음을 옮긴다. 중간에 잠시 짬이 나면 자녀들은 스마트폰이나 컴퓨터로 게임을 한다. 게임은 손쉽게 접근할 수 있고 쌓인 스트레스를 해소할 수 있는 가장 간편한 수단이 기 때문이다. 게임을 통해 복잡했던 머릿속을 깨끗하게 정리할 수 있다.

몬스터를 처치하는 통쾌함, 원하는 아이템을 발견했을 때의 기쁨, 상대방에게 역전승을 거뒀을 때의 짜릿함, 주어진 퀘스트를 모두 다 깼을 때의 후련함 등 여러 가지 긍정적인 감정을 게임을 통해서 느낄 수 있다. 마음속에 쌓아둔 응어리를 게임을 통해 잠시나마 잊을 수 있는 것이다. 이처럼 게임은 우리에게 휴식을 가져다주는 오아시스와 같다.

3. 게임은 자신감을 키워준다

　게임의 가장 큰 장점 중의 하나는 게임을 통해 자신감을 얻고 자존감을 키울 수 있는 점이다. 게임은 다양한 퀘스트와 이벤트로 이루어져 있다. 유저들은 게임에서 주어진 과업을 수행하면서 무엇이든 할 수 있다는 자신감을 얻는다. 부족한 부분이 있다고 느끼면 어떻게 하면 보완할 수 있을지 고민한다. 고민하고 문제를 해결하는 과정을 통해 무엇이든 할 수 있다는 마음이 생긴다. 게임 상대가 있는 대전 게임을 좋아하는 유저는 상대에게 승리했을 때의 통쾌함과 더불어 자신감을 얻는다. 게임으로 얻은 긍정적인 자신감은 실생활에도 긍정적인 영향을 미친다.

나는 중학생 때 스타크래프트라는 게임을 처음 시작했다. 몇 년간의 노력 끝에 프로게이머가 되었을 때는 자신감이 하늘을 찔렀다. 어느 누구와 경기를 해도 이길 수 있을 것 같았고 상대가 누구든지 주눅들지 않고 플레이를 할 수 있었다. 물론 실제 프로게이머들과의 경기는 자신감만으론 승리를 보장할 수 없다. 자신감도 중요했지만 실력이 뒷받침되어 주지 않으면 상대에게 이길 수 없었다. 그렇지만 게임을 통해 프로게이머가 되었다는 사실은 어떤 일을 해도 잘 할 수 있을 거라는 마음을 갖게 해 주었다.

프로게이머를 은퇴하고 대학교에 복학하여 다시 학업을 시작했을 때, 공부를 안 한지 오래돼서 무엇부터 어떻게 시작해야 할 지 막막했다. 하지만 게임을 하듯이 노력하여 공부를 하면 충분히 잘할 수 있다는 생각이 들었다. 결국 나는 우수한 성적으로 대학을 졸업했다. 1학년 때 1점대였던 학점은 졸업할 때 3점 후반대가 되었다. 전공인 공학 과정뿐만 아니라 경영, 경제, 회계 강의도 수강했고 일문학과 철학도 전공자들과 함께 수강했다. 무엇이든 할 수 있다는 자신감은 어떤 일을 하든지 최선을 다할 수 있게 만드는 원동력이 되었다. 대학을 졸업하고 취업을 준비할 때도 마찬가지였고 지금도 그러한 마음가짐을 잊지 않으려고 한다. 회사에 입사해서도 게임을 하듯이 최선을 다하면 뭐든지 다 해낼 수 있을 거라고 생각하며 일을 하려고 노력하고 있다. 독특한 게임 전략을 생각하듯이 색다른 업무 방법은 없는지 늘 고민한다.

책 쓰기는 새로운 도전이었다. 첫 번째 책의 목차를 구상하고 글을 써내려가기 시작했을 때는 왜 이런 고생을 하고 있나 싶기도 했다. 모니터 앞에서 키보드에 손을 올려놓은 채 도대체 어떻게 글을 써야할지 눈앞이 깜깜했다. 그래도 '나는 할 수 있다. 게임을 하듯이 글을 쓴다면 충분히 할 수 있다.'라는 생각을 했다. 몇 달간 주말에 시간을 내어 글을 쓴 결과 원고가 완성되었다. 책이 출간되고 서점에서 내 책을 발견한 순간은 지금까지 느낄 수 없었던 새로운 기쁨이었다. 게임을 통해 얻은 자신감과 자존감은 내 마음속 깊숙한 곳에 자리를 잡고 나를 지탱하는 기둥이 되었다.

전 리그오브레전드의 프로게이머이자 현재 게임 전문 방송인 OGN에서 '리그오브레전드 챔피언스 리그' 해설을 맡고 있는 이현우 해설가는 한 강연에서 이렇게 말했다.

"게임은 나의 삶의 원동력이자 기반이라는 생각이 든다. 청중들도 게임을 통해서 삶에서 보람있는 의미를 찾았으면 좋겠다."

게임은 사람의 관점에 따라서 자신을 마비시키는 맹독과 같을 수도 있고 자신을 성장시키는 보약이 될 수도 있다. 알코올 중독자에게 술은 단순히 쾌락을 만족시켜주는 도구일 뿐이지만 사랑하는 연인에게는 더 깊은 사랑을 느끼게 만드는 마법의 액체가 되기도 한다. 술을 통해 사랑과 우정을 나누고 평소에 나누지 못한 말을 할 수 있는 분위기를 만들기도 한다. 어디서 무엇을 하던지 자기 자신의 생각이 가장 중요하다.

게임을 자신을 발전시키는 유용한 도구로 활용할 수는 없을까?

사랑하는 자녀와 함께 고민해 보자.

4. 게임은 자녀의 상상력을 키운다

게임의 세계에서는 파란 하늘을 가로지르는 전투기 조종사가 될 수 있고, 모든 의사결정을 책임지는 기업의 최고경영자가 될 수도 있다. 한 나라의 지도자가 되어 국정을 운영할 수도 있다. 심지어 이

미 현실의 세상에 존재하지 않는 과거의 지도자로 환생하여 다시 한 번 지도력을 발휘할 수도 있다.

파이락시스 게임즈의 시뮬레이션 게임 '문명'은 인류 역사상 최고의 지도자를 선택하고 자신의 세력을 키우는 인기 게임이다. 유저는 청동기 시대부터 현대를 넘

어 미래까지 자유자재로 여행할 수 있다. '문명'을 포함한 역사 게임들은 유저의 상상력을 자극하고 세계사에 대한 관심을 유발한다.

나는 초등학생 때 일본 게임 회사에서 제작된 롤플레잉 게임을 즐겨했다. '파이널판타지'라는 유명한 롤플레잉 게임인데, 현재까지 14편이 넘게 출시된 명작 중에 명작이다.

'파이널판타지' 게임 속에는 다양한 배경을 가진 등장인물들이 나타났다. 마법사, 격투가, 갬블러, 기계공학자, 닌자, 야수, 도적 등 개성 넘치는 인물들은 게임을 풍성하게 만들어주었다. 엄청난 규모의 성이 지하 세계를 통해 이동하고, 돌에서 소환수가 나와서 적들을 공격했다. 비행기구를 타고 빠른 속도로 하늘을 날았다. 파이널판

타지 이외에도 '크로노트리거', '드래곤퀘스트' 등 많은 롤플레잉 게임들은 지금도 스토리가 생생하게 기억이 날 정도로 감동적이고 충격적이었다. 게임 속에서 타임머신을 타고 고대와 미래를 넘나들 수 있었고, 마왕에게 사로잡힌 공주를 구하기 위해 기나긴 모험을 할 수 있었다. 일본어를 몰랐기 때문에 우리말로 번역된 공략집을 보며 열심히 게임을 했다. 캐릭터의 대사 하나하나까지 놓치지 않기 위해 화면을 봤다가 공략집을 보기를 반복했다. 아직도 그때의 추억이 가슴 한편에 남아있다.

　게임의 배경과 등장인물, 반전에 반전을 거듭하는 흥미로운 스토리는 개발자들의 피나는 노력 끝에 만들어진다. 치열한 인문학적 사고가 없으면 좋은 게임을 만들 수 없다. 게임의 인터페이스도 직접 게임을 사용하게 될 유저를 생각하며 만든다. 유저가 어떻게 손가락을 움직여야 가장 편리할지를 고민한다. 이러한 고뇌들이 모여 하나의 게임이 구성되어지고 유저의 입을 다물지 못하게 만드는 게임이 탄생한다. 풍부한 상상력으로 만들어진 게임은 유저에게도 끝없는 상상력과 감동을 선사한다.

　성인이 되고 난 후, 파이널판타지 10편을 즐길 때는 게임을 하면서 왈칵 눈물을 쏟을뻔했다. 나라의 운명을 바꾸기 위해서 자신을 희생하는 주인공들의 모습은 게임이 끝난 뒤에도 오랫동안 감동으로 내 마음에 남아 있었다.

　물론 게임이 아니더라도 상상력을 키울 수 있는 방법은 얼마든지 있다. 역사 교양서 또는 공상과학소설을 읽어도 좋다. 〈스타워즈〉, 〈반지의 제왕〉, 〈매트릭스〉 같은 영화를 관람해도 좋다. 하지만 게임에는 게임을 하는 자신이 직접 주인공이 되어 온전히 내용에 몰입하게 만드는 힘이 있다.

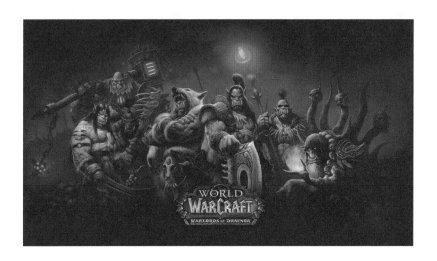

　스타크래프트의 제작사로 유명한 블리자드의 게임 '월드오브워크래프트'는 판타지 소설 못지않은 방대한 세계관이 구성되어 있다.

인간, 드워프, 언데드, 오크, 드루이드, 흑기사, 정령 등 다양한 종족과 캐릭터는 저마다 개성이 뚜렷하며 게임의 세계관에 녹아들어 있다. '워크래프트'는 얼마 전에 영화로 리메이크되어 개봉되었고 영화 팬들의 큰 호평을 받았다.

우리나라에서 이러한 명작 게임이 잘 나오지 않는 점은 아쉽다. 스타크래프트부터 리그오브레전드까지 세계적으로 인기 있는 게임들은 대부분 해외 제작사들에 의해 탄생한 게임이다. 우리나라 프로게이머들은 세계 최고 수준이다. 다른 나라 프로게이머들보다 월등한 실력을 자랑한다. 세계대회에서 우승컵을 들어올리는 팀은 항상 우리나라 팀이다. 게임 실력은 최고이지만 게임콘텐츠 제작 측면에서는 아쉬운 점이 있다. 인기 게임을 단지 흉내 내는 것이 아니라 대한민국의 문화를 세계에 알릴 수 있는 훌륭한 게임콘텐츠가 개발되기를 바란다. 우리나라 토종 게임이 자녀의 상상력을 무한히 키우고 전 세계 문화의 축으로 성장하는 그날을 기대해본다.

5. 게임은 자녀 세대의 놀이문화이다

모든 세대에는 그 시대를 관통하는 놀이문화가 있다.

내가 초등학생일 때는 아이돌 가수를 선망하며 노래 가사와 춤을 달달 외우고 쉬는 시간마다 교실 뒤로 나가서 춤을 추는 아이들이 있었다. 아이돌 그룹 중에 어떤 멤버를 좋아하느냐에 따라 친구들끼리 파가 나뉘기도 했다. 만화책도 참 많이 읽었다. '드래곤볼'과 '슬램덩크'는 당시 청소년이라면 반드시 읽어야 이야기가 통하는 현실 세계의 고전이었다. 아이들은 손오공, 베지터와 같은 드래곤볼의 캐릭터가 되어 하늘을 날기도 하고 두 손으로 장풍을 쏘기도 하고 장풍에 맞고 쓰러지도 했다. 슬램덩크가 종영했을 때는 가슴속의 묵직한 무언가가 없어지는 허전한 느낌이 들었다. 어느 순간부터 놀이문화가 하나 더 추가됐다. 바로 게임이다. 나는 다른 놀이보다 게임이 제일 좋았다. 매일 오락실을 들락거렸고, 집에서는 '알라딘', '라이온킹', '삼국지' 같은 컴퓨터 게임을 했다.

　나의 부모님 세대에는 게임이라는 놀이문화는 없었다. 배부르게 밥을 먹고 따뜻하게 잠을 자는 등 기본 편의생활도 제대로 충족하지

못했다. 학교에서 집으로 돌아오면 농사를 짓거나 집안일을 도와야 했다고 한다. 형편이 여의치 않아 상급 학교에 진학을 못하는 경우도 많았고, 가족들의 미래를 위해 힘들게 번 돈을 동생들의 학비나 생활비로 보태기도 했단다. 그 시절에는 배불리 먹고 편히 쉬는 것이 휴식의 의미였을 것이다.

하지만 지금은 다르다. 놀이문화도 다양해졌다. 텔레비전, 컴퓨터, 스마트폰, 테블릿 기기, 가상세계 체험기 등 문명의 진화는 경이로운 속도로 이루어지고 있다. 특히, 인간의 즐거움과 쾌락을 즐길 수 있는 수많은 제품과 도구가 생산되고 있다. 인터넷의 발달로 지구 반대편에서 일어나는 일을 실시간으로 공유하며 국가와 국가의 장벽이 사라진 글로벌 지구촌 환경이 자리 잡았다.

게임의 광범위한 영향력이 사회를 변화시키고 있다. 하나의 게임이 사회 전반에 영향을 미치고 비즈니스 모델을 뒤흔들고 바꾸고 있다. 게임은 다른 어떤 콘텐츠보다 유통과정이 단순하다. 인터넷에 접속해서 클릭만 하면 언제든지 다운로드 받을 수 있다.

게임의 잠재력은 게임에 국한되지 않고 다양한 분야에 영향을 끼친다. 영화, 캐릭터, 만화, 애니메이션, 가상현실, 어플리케이션 등에 미치는 파급력은 상상하기 어려울 정도다. 게임 캐릭터의 분장을 하고 대중 앞에 모습을 드러내는 '코스프레'는 게임에서 파생된 또 다른 새로운 문화가 되었다. 수많은 게임기와 게임의 역사를 전시해놓은 박물관, 게임 캐릭터 장난감 등 사회에 미치는 영향력과 속도는 가늠하기 어렵다.

이제 게임은 더 이상 젊은 세대의 전유물이 아니다. 학생들에 비해 상대적으로 시간은 부족하지만 경제력이 풍부한 어른들은 게임에 투자하는 비용을 아깝게 생각하지 않는다. 기다렸던 게임이 출시되면 돈을 아끼지 않고 곧바로 게임을 구입한다. 한정판 게임을 구매하기 위해 새벽부터 줄을 서서 기다리기도 한다. 술자리 한 번만 줄이면 몇 달 동안 게임을 즐길 수 있다고 생각한다.

앞으로 게임 사업은 상상하기가 힘들 정도로 거대한 산업이 될 것이다. 미디어의 발전과 새로움에 대한 인간의 욕망은 이러한 흐름을 가속화시킬 것이다. 앞으로 등장할 새로운 기술들은 게임과 접목되어 우리의 미래를 변화시킬 것이다. 이러한 시대의 흐름에 뒤처지지 않기 위해 게임을 진지하게 공부해야 할 날이 올지도 모른다.

게임은 자녀 세대의 세련된 놀이문화이다. 마음만 먹으면 언제 어디서나 게임을 할 수 있고 얼굴도 본 적 없는 전혀 모르는 사람과도 소통할 수 있다. 이러한 환경에서 자녀에게 게임을 하지 말라고 하는 것은 아무것도 하지 말라는 것과 같은 말이다. 게임할 시간에 교과서 한 줄이라도 더 읽으라고 주문하는 것은 쉬지 말고 끊임없이 공부하라는 것과 동의어다. 놀고 싶은 아이에게 책을 권하는 것은 집에 와서도 학교에 있는 것처럼 공부하라는 의미다.

사람은 누구나 마음 편하게 쉬고 싶고 놀고 싶다. 자녀에게도 놀이를 즐길 수 있는 시간이 필요하다. 놀이를 통해 스트레스를 해소하고 친구들과 우정을 쌓을 수 있다. 그 놀이가 게임이라서 거부감이 생길 수도 있지만 세대의 문화 차이로 받아들여야 한다. 부모와 자녀가 성장한 환경이 다르고 놀이문화가 다르다는 것을 인정하지 못하면 갈등이 생긴다. 부모는 자녀의 이러한 놀이문화를 인정하고 또한 배워야 한다. 새로운 문화를 받아들일 수 있는 마음을 갖고, 자녀에게 관심을 가지고 지켜봐주는 부모가 되자.

4장

자녀가 게임을
건전하게 즐기도록
하기 위한 방법

1. 자녀에게 꿈을 심어주자 | 119

2. 컴퓨터 이용시간을 정해라 | 127

3. 자녀 스스로 생각하게 하라 | 130

4. 책을 가까이 하게 하라 | 133

5. 바깥으로 나가라 | 138

6. 주변의 도움을 받아라 | 143

어드벤처(Adventure) 게임

플레이어 자신이 게임 속의 주인공이 되어 주어진 시나리오를 중심으로 던전 속을 모험하면서 모험 중에 얻은 아이템과 스킬(skill)을 이용하여 사건과 문제를 풀어나가는 게임이다. 주로 1인칭 시점으로 진행되며, 3인칭 시점을 제공하는 게임도 있다. <미스트>(Myst), <원숭이 섬의 비밀>(Monkey Island) 시리즈, <페르시아의 왕자>, <툼레이더> 등이 대표적인 게임이다.

1. 자녀에게 꿈을 심어주자

한 때 '엄친아'라는 말이 유행했다. 엄친아는 '엄마친구아들'의 줄임말로 이상하게도 엄마 친구의 아들은 성격도 좋고 공부도 잘하는 등 모든 면에서 우수하다는 의미의 말이다.

사람은 상대방의 유리한 모습만 보려고 한다. 남의 떡이 더 커 보인다는 말이 있듯이 잠깐 본 지인 자녀의 인사성에서 성실함을 보고 지인의 자식 자랑에 내 아이와 비교하게 된다. 어떻게 된 영문인지 '엄친아'는 모두 게임을 좋아하지 않는다. 그저 공부만 열심히 할 뿐이다.

정말 그 엄마 친구 아들은 게임을 하지 않는 것일까? 내 자식이 게임을 하지 않는 것이 자랑일까?

'게임을 많이 한다'의 기준은 부모마다 다를 것이다. 어떤 부모는 하루에 한 시간 이상 게임을 하면 문제라고 생각할 수도 있고, 어떤 부모는 할 일을 제때 하지 않고 게임을 하면 문제라고 생각할 수도 있다. 그러나 중요한 것은 부모의 기준이 아니다. 자녀가 스스로 '이 정도 게임을 해도 괜찮을까?', '게임을 하느라 중요한 일을 놓치고 있는 것은 아닐까?', '지금 게임보다 중요한 것은 무엇일까?'라고 스스로 생각할 수 있는 능력이 필요한 것이다.

이런 생각을 하기 위해서는 자녀에게 꿈이 있어야 한다. 자녀가 자신의 미래에 대해 어렸을 때부터 서서히 그려볼 수 있도록 해야 한다. 초등학생 때는 꿈이 비교적 자유롭다. 초등학생에게 장래희망을 물어보면 대통령, 우주 과학자, 경찰관, 외교관, 요리사 등 자신이 되고 싶은 꿈들을 솔직하게 말한다. 하지만 중학교, 고등학교에 들어서면 자녀의 꿈은 단지 좋은 대학에 진학하는 것으로 바뀌어 버린다. 심지어 초등학생들이 장래희망으로 공무원이 되고 싶다고 말하기도 한다. 이유를 들어보니 안정적이고 오랫동안 일을 할 수 있기 때문이란다.

공무원이 안 좋은 직업이라는 뜻이 아니다. 위대한 꿈을 꿔야 할 초등학생들이 어렸을 때부터 현실에 안주하려고 하는 게 옳은 일일까를 생각해 보아야 한다는 것이다.

그저 안정적인 직업을 찾고자 공무원이 되려는 게 건강한 생각일까?

다채로운 가능성을 공무원이라는 직업으로 한정해버리면 시야가 아주 좁아져 버린다. 이는 우리 사회와 부모의 영향을 무시할 수 없다. 부모는 자신도 모르게 자녀에게 이렇게 가르치고 있다.

"좋은 대학에 입학하기 위해서는 우수한 성적을 받아야 한다. 그래야 안정적인 직장에 들어갈 수 있다. 그러지 못하면 실패한 인생이 된다."

이러한 압박감에 자녀는 원대한 꿈을 갖지 못하고 오로지 성적에 집착하게 된다. 공부를 열심히 하는 과정보다는 성적표라는 결과가 더 중요해진다. 자연스럽게 성적을 잘 받기 위한 공부를 하게 된다. 부정행위를 서슴지 않는 경우도 있다. 자녀가 매번 시험을 잘 보고 좋은 성적을 거둔다면 모르겠지만 부모의 기대에 부응하지 못하는 자녀는 스트레스를 받고, 심하면 우울증에 빠지게 된다. 부모의 눈을 피해 마음 편하게 쉴 수 있는 곳을 찾는다. 자신의 존재 가치를 확인할 수 있는 도피처가 없는지 물색하게 된다. 그 도피처가 게임 속 세상이 되는 것이고 자녀는 부모의 기대로 인하여 받는 스트레스를 게임으로 풀면서 게임에 더욱더 빠지게 된다.

자녀가 위대한 꿈으로 가득하다면?

무한한 가능성과 상상력으로 충만하다면?

그리고 자신의 마음을 지지해주는 부모가 있다면 자녀는 당장의 성적보다는 자기가 하고 싶은 일을 찾아 매진할 것이다. 어떤 공부를 해야 할지 스스로 찾고 이에 전념할 것이다. 게임은 잠시 머리를 식히는 도구로 활용할 것이다. 결과적으로 성적도 오르게 될 것이다. 이렇게 미래를 바라보며 공부를 하면 시험을 잘 보기 위한 암기식 공부보다 훨씬 기억에 오래 남는다. 공부를 위한 공부가 아닌 자신의 내면을 살찌우는 공부를 하게 된다. 중요한 것은 자녀 스스로 원대한 꿈을 가질 수 있게 만들고 그 꿈을 향해 정진하게 하는 것이다.

부모는 자녀에게 커다란 꿈을 심어주는 안내자가 되어야 한다. 위대한 꿈에 취해 있는 자녀는 게임에 중독되지 않는다. 꿈을 향해 전진과 후퇴를 반복하면서 앞으로 나아가는 주도적인 삶을 영위하도록 부모는 자녀의 꿈을 지지해야 한다.

부모와 대화 시간이 많은 청소년일수록 행복감이 높다. 자녀는 부모에게 편안함을 느낄 때 자신의 이야기를 스스럼없이 한다. 그리고 부모를 존경하고 신뢰할수록 부모의 말을 귀기울여 듣는다. 열린 대화를 하기 위해서는 먼저 자녀를 마음으로 이해해야 한다.

나는 한번 게임에 빠지면 몇 시간이고 게임에 몰두했다. 프로게이머가 되어 게임 대회에 나가기 위한 명분이었지만 주변을 전혀 둘러보지 않았다. 평일은 물론 주말에는 자정이 넘은 시간까지 게임을 하거나 PC방에서 밤을 새웠다. 부모님과의 대화는 한동안 단절되어 있었다. 나는 항상 방문을 굳게 닫고 게임 삼매경에 빠져 지냈다. 늦은 시간까지 게임을 하고 있으면 아버지께서 방문을 살짝 열고 나를 쳐다본 뒤, 내일을 위해 일찍 자라고 타이르셨다. 언제부터인지는 모르겠지만, 어느 순간부터 아버지에게 학교에서 있었던 일을 세세하게 이야기하는 게 어색해졌다. 원래 부자간 대화가 별로 없기도 했지만 고등학생이 되고서는 거의 대화할 일이 없었다. 이렇게 조금씩 대화할 일은 줄어들고 가족이 함께 밥을 먹을 때조차 침묵이 흐를 때가 많았다. 이런 상황에서 대화에 물꼬를 튼 것은 어머니였다. 어머니는 내가 하고 있는 게임에 대한 질문을 종종했다.

"스타크래프트 프로게이머 중에 A라는 유명한 선수가 있던데 같이 게임을 해봤니?", "예전에 우리 집에 놀러 왔던 B는 프로게이머가 되었니?" 등의 질문이었다. 단순한 질문일 수도 있지만 내가 좋아하는 게임에 대한 질문이었고 '어머니가 A라는 선수를 어떻게 아셨을까?', '어머니는 내가 하는 게임에 관심을 갖고 있구나.'라는 느낌을 받을 수 있었다. 그렇게 어머니의 질문에 대답하면서 자연스럽게 대화가 오고 갔다. 그러다 보니 학교생활에 대한 이야기도 했다. 친구들은 잘 만나고 있는지, 공부는 어떻게 하고 있는지, 부족한 과목은 무엇인지, 어떤 학교에 진학하고 싶은지 등 나도 모르게 속마음을 이야기하곤 했다.

지피지기면 백전백승이라고 한다. 자녀가 왜 그 게임에 빠져있고 그 게임의 특징과 매력이 무엇인지 파악해야 한다. 자녀가 게임방송을 보고 있다면 그게 어떤 게임인지 정도는 알아야 자연스럽게 대화로 이어질 수 있다. 게임에서 사용하는 전문 용어를 공부하고 자녀가 어떤 상황에서 열광하는지 유심히 보아야 한다.

자녀만큼 게임을 열심히 할 필요는 없다. '부모님이 나에게 관심을 가져주고 있구나.'라고 느낄 수 있을 정도면 된다.

어느 날 게임을 하고 있는 자녀에게 "○○ 게임에서 △△ 선수가 또 이겼던데 대단하던데?", "이 게임이 또 패치가 되었구나.", "밸런스가 좋아질지 모르겠네." 게임에 대해 구체적인 이야기를 할수록 효과는 배가 된다. 자녀의 눈이 휘둥그레질 것이다.

자! 이제 자녀와 대화할 준비가 되었다. 자녀가 좋아하는 관심사로 대화를 시작했기 때문에 자녀는 활짝 웃는 얼굴로 자기가 하고 싶은 말을 할 것이다.

그렇게 자녀와 깊은 유대관계를 형성한 다음 조심스럽게 부모로서 바라는 것을 이야기해 보자.

"나는 네가 게임을 하는 것도 좋지만 무언가 큰 꿈을 가졌으면 좋겠다, 그리고 그 꿈을 이루어나가는 데 부모로서 도움이 되고 싶다", "학교에서 공부하느라 스트레스 많이 받지?", "게임은 네가 하고 싶은 만큼 하되 미래에 어떤 삶을 살면 좋을지 가끔 생각해보는 것도 좋지 않을까?"

　지속적인 대화를 통해 자녀와 신뢰가 쌓이면 자녀는 말을 새겨듣고 깊게 생각해볼 것이다. 부모가 나를 진심으로 이해하고 걱정하는 것인지 아니면 단순히 나무라는 것인지는 누구보다 자녀가 제일 잘 알고 있다.

　설계도가 없으면 건물을 지을 수가 없다. 설계도가 구체적이고 정확할수록 건물은 튼튼하면서도 반듯하게 지어진다. 설계도 없이 건물을 짓다가는 건물이 완공되었다고 해도 금방 빈틈이 생겨 부실공사가 되고 말 것이다. 자녀에 대한 관심은 건물을 짓는 설계도를 손에 쥐는 것과 마찬가지다. 자녀와 정서적인 교감을 이룬 상태에서 조언을 하자. 그리고 자녀에게 꿈을 심어줄 수 있도록 도와주자. 그렇게 하기 위해서는 진실한 대화가 먼저이고, 진실한 대화를 하려면 자녀를 이해하고 자녀에게 관심을 가져야 한다.

2. 컴퓨터 이용시간을 정해라

컴퓨터 이용시간은 자녀와 합의하고 이루어져야 하고, 자녀의 의사를 적극적으로 존중해줘야 한다.

부모가 게임 시간을 제한하지 않는다면 자녀는 온종일 게임을 하려고 할 것이다. 천재의 상징인 아인슈타인은 상대성 이론에 대해 다음과 같이 설명했다.

"미인과 함께 있을 때는 1시간이 1분처럼 느껴지고 뜨거운 난로 위에 있을 때는 1분이 1시간 같다."

자녀가 게임을 하고 있는 순간에는 아인슈타인의 상대성이론의 시간개념 법칙이 작용하는 것이다. 따라서 자녀에게 게임을 하는 시간은 어느 정도가 적당한지 의견을 먼저 물어보자. 자녀 역시 하루 종일 게임하는 일은 잘못되었다는 것을 스스로 잘 알고 있다. 자녀가 제안한 게임 시간에 동의했다면 이제 자녀를 믿고 기다려주자. 만약 자녀가 약속을 지키지 못하더라도 강제적인 중단은 곤란하다.

예를 들어 컴퓨터 이용시간을 1시간으로 정했다면 1시간 내외로 게임을 하는 것은 인정해주어야 한다. 시계를 뚫어지게 쳐다보고 있다가 정확히 1시간이 되었을 때 "왜 약속을 안 지키느냐"며 자녀를 채근하는 속 좁은 부모는 되지 말자. 자녀는 1시간 정도 되면 스스로 컴퓨터를 그만해야겠다는 준비를 하고 있을 것이다.

오은영 박사는 저서 ≪아이의 스트레스≫에서 부모와 자녀 사이에 게임으로 인한 갈등을 해결하기 위한 방법으로 다음과 같이 조언했다.

"아이들이 게임 등의 놀이에 지나치게 중독되어 있을 때, 가장 좋은 해결책은 스스로 조절 능력을 기르게 하는 것이다. 스스로 조절 능력을 기르게 하려면 현실적인 원칙을 정해야 한다. 원칙은 아이 스스로 정하도록 해야 한다. 스스로 게임 시간 통제권을 아이에게 주라는 것이다. 게임이라는 것이 요즘 아이들에게는 하나의 큰 놀이라는 것을 현실적으로 인정해주어야 한다. 그것을 부정하면 아이들과 소통의 길이 막혀버린다."

자녀가 게임에 지배당하지 않고 게임을 지배할 수 있도록 자녀에게 통제 능력과 책임감을 부여해주어야 한다는 뜻이다. 부모의 강압에 이기지 못해 수동적으로 컴퓨터를 끄는 것이 아니라 자녀 스스로 컴퓨터 전원 버튼을 누를 수 있어야 한다.

컴퓨터 이용시간을 정할 때는 자녀에게 절제해야 하는 이유에 대해서 명확하게 설명해주자. 그저 "너는 공부를 해야 하기 때문에 공부에 방해가 되는 게임 시간을 정해야 한다." 가 아니라 "게임에 너무 빠져버린 나머지 학창시절에 할 수 있는 여러 가지 것들을 놓치지 않을까 걱정된다.", "게임 시간을 정하고, 약속을 지키면 자기 통제력을 키울 수 있어. 이러한 습관은 앞으로 네가 살아가는 데 큰 도움이 될 거야."라고 이야기해주자.

부모 자녀 사이가 원만하다면 부모의 이런 말은 자녀에게 깊은 울림을 줄 것이다. 컴퓨터든 스마트폰이든 과도하게 사용하면 실생활에 안 좋은 영향을 줄 수 있으므로 이용 시간을 제한하는 것이 좋다.

혹자는 컴퓨터를 열린 공간인 거실로 옮겨놓는 방법을 추천한다. 이 방법은 자녀가 유아기에서 초등학생일 때까지는 효과가 있다. 자녀가 사춘기가 되면 자녀의 의견을 경청하고 합의를 통해서 컴퓨터를 설치할 장소를 선택하는 게 좋을 것이다.

3. 자녀 스스로 생각하게 하라

사람은 본능적으로 좋아하는 일에 빠져든다. 운동을 좋아하는 사람은 일을 마치는 대로 헬스장을 찾는다. 낚시를 좋아하는 사람은 이번 주말에 어디로 가서 낚시를 할지 고민한다.

자녀가 어떤 활동에 흥미를 느끼는지, 어떤 활동을 하든지 간에 가장 중요한 것은 자녀가 자신의 힘으로 생각하고 판단할 수 있는 습관을 길러주는 것이다.

좋은 대학에 입학하기 위해서 그토록 학업에 매달리는 이유는 무엇인가? 좋은 대학에 들어가면 반드시 행복해질까?

자녀가 지향해야 할 인생의 목표는 시험 점수를 잘 받아서 좋은 대학에 가는 것이 아니다.

사람마다 행복의 기준이 다르다. 누군가는 노래를 부를 때 행복을 느끼고 누군가는 게임을 하면서 기쁨을 느낀다. 부모로서 자녀를 위해 해야 할 임무는 자녀 인생의 목적지를 행복한 삶으로 정할 수 있도록 기준을 설정해 주는 것이다. 그러기 위해서는 어떻게 살아야 하고 무엇을 준비해야 하는지 스스로 생각하고 준비할 수 있는 사람으로 양육해야 한다.

자녀에게 정말로 중요한 일은 자기 스스로 질문하고 해답을 찾는 일이다. 누구나 생각하고 추구하는 바가 다르다. 어떤 자녀는 중학생 때부터 치열하게 고민할 수도 있고, 어떤 자녀는 대학생이 되어도 자기가 하고 싶은 일이 무엇인지 찾지 못해 방황할 수 있다.

자녀가 스스로 생각하기 시작하는 시점은 빠르면 빠를수록 좋다. 무엇이 되고 싶은지 왜 공부를 해야 하는지 치열하게 고민하고 또 고민한다면 당장 공부에 소홀한 것은 크게 문제가 되지 않는다. 자녀가 성인이 된 이후에도 부모가 모든 것을 챙겨줄 수는 없다. 언젠가는 자녀 스스로의 힘으로 우뚝 일어서야만 한다.

자녀가 스스로 생각하는 힘을 기르지 못하는 원인은 우리나라 교육에 많은 책임이 있다고 생각한다. 우리나라 교육은 창의력을 가진 인재를 육성하고 있다고 하지만 실제로는 현 교육정책에 반하는 사람을 배격하는 경향이 있다. 학교 수업은 주입식 교육이 주를 이룬다. 시험지를 보면 대부분 객관식 문제에 정답은 이미 정해져 있다.

어릴 때부터 이러한 시험에 익숙해지고 정답을 맞히도록 강요받는다. 심지어 주관식 문제조차 자기의 생각보다는 교사가 원하는 답을 적기도 한다. 자녀의 사고는 점점 굳어지고 이러한 일은 초등학생 때부터 대학교를 졸업할 때까지 계속해서 반복된다.

자녀가 자기 주도적으로 성장하기 위해서는 사회의 변화가 절실하게 필요하다. 교육 체제의 획기적인 변화나 그에 맞는 제도가 마련되어야 한다. 하지만 사회 못지않게 가정의 역할은 더욱 중요하다. 자녀가 어떤 행동을 하고 있다면 왜 그 행동을 하는지 대화를 통해 풀어보자. 자녀의 생각이 무엇인지 파악하고 자녀 스스로 생각할 수 있게 도와주자.

게임뿐만 아니라 자녀가 하는 모든 일에 관심을 가지고 자녀의 생각을 묻고 들어주자. 부드럽고 자유스러운 대화 속에서 '왜'라는 질문을 자주 하고 대화하다 보면 자녀는 자신의 생각을 정리하고 스스로 사고하는 습관을 들이게 될 것이다.

4. 책을 가까이 하게 하라

자녀가 스스로 발전적인 생각을 할 수 있는 능력을 키우는 데 있어서 독서만큼 좋은 게 없다고 생각한다. 독서에는 온전히 자신을 바라볼 수 있게 만드는 힘이 있다. 저자의 경험에 비추어 자신의 내면을 들여다보고 자신과 생각을 비교해 볼 수 있다. 독서의 중요성은 아무리 강조해도 지나치지 않다.

누구나 독서의 중요성을 알고있지만 현대인에게 바쁜 일상에서 독서를 할 수 있는 여유를 찾기는 쉽지 않다. 책을 손에 잡는 것만으로도 엄청난 에너지가 필요하다. 쉬고 싶은 몸과 마음을 절제하고 책장을 펼쳐야 한다. 어른도 바쁜 일상으로 책을 읽기 어려운데 자녀들은 오죽할까?

　학교에서 학원으로, 학원에서 또 다른 학원으로 향하는 요즘 자녀들에게 마음의 양식을 쌓기위한 독서의 중요성을 강조하며 책 읽기를 권장하는 일은 현실적으로 괴리감이 있는 것 또한 사실이다. 하지만 그래도 책을 읽어야 한다. 자녀의 나이가 어리면 어릴수록 독서의 습관이 몸에 배이도록 교육을 해야 한다.

　그럼 어떻게 해야 자녀에게 책을 읽힐 수 있을까?

　얼마 전 ≪꿈꾸는 다락방≫, ≪리딩으로 리딩하라≫를 저술한 이지성 작가의 강연에 참석했다. 아내와 함께 백화점에서 쇼핑을 하고 있는데 백화점 내의 문화센터에서 이지성 작가의 강연을 홍보하는 문구가 눈에 띄었다. 평소에 좋아하던 이지성 작가의 강연을 볼 수 있다는 생각에 단숨에 강연장으로 달려갔다. 무사히 이지성 작가의 강연 시간에 맞추어 도착하니 강연이 막 시작하려던 참이었다. 이지성 작가는 강연에서 자신이 살아온 과정부터 지금까지 있었던 일들, 현재 고민하고 있는 생각들, 독자들에게 작가로서 바라는 것 등에 대한 진솔한 내용을 이야기했다. 두 시간 정도의 강연이 끝나고 질의응답 시간이 되었다. 이지성 작가는 아무 질문이나 좋으니 손을 들고 질문을 하라며 마이크를 청중에게 돌렸다. 40대로 보이는 한 여성이 손을 들고 다음과 같은 질문을 했다.

"우리 아이가 도통 책을 읽지 않아요. 책을 좀 읽으라고 아무리 권해도 책을 읽지 않아요, 어떻게 하면 될까요?"

이지성 작가는 잠깐 고민하더니 이내 이렇게 되물었다.

"어머님께서는 평소에 책을 읽으시나요?"

질문을 한 여성은 순간 당황하며 겸연쩍게 고개를 저었다. 이지성 작가는 덧붙였다.

"자녀가 책을 읽지 않는 이유는 부모가 책을 읽지 않아서입니다. 부모가 책을 읽지 않으면서 자녀에게 책을 권하는 것은 잘못된 일입니다. 자녀가 스스로 책을 읽게하려면 평소 부모가 책을 읽고 즐거워하는 모습을 자녀에게 꼭 보여줄 필요가 있습니다. 자녀를 위해 억지로 책을 읽는 것이 아니라 진심으로 즐겁게 책을 읽어야 합니다. 그러면 자녀는 책을 읽는 부모님을 따라서 책을 읽게 됩니다."

나는 순간 무릎을 탁 쳤다. 자녀에게 바라는 이상향이 있으면 부모가 먼저 실천해야 한다. 부모가 먼저 행동으로 모범을 보여야 자녀가 부모의 모습을 보고 따라 온다. 자녀가 책을 읽기를 바란다면 부모가 먼저 열심히 책을 읽어야 한다는 의미였다.

독서의 유익한 점을 들자면 설명으로는 부족할 정도로 수많은 장점이 있다. 그중에서도 가장 좋은 점은 독서는 아주 능동적인 행위이며 다른 사람의 시각을 통해서 자신을 돌아볼 수 있는 기회를 준다는 점이다. 경제, 경영, 문학, 예술, 과학, 소설, 자기계발 등 어떤 장르의 책이라도 상관없다. 저자는 책을 저술하기 위해 주제에 대해 치열하게 고민하고 깊이 생각한 뒤에 정리해서 글을 쓴다. 그러한 저자의 사색의 시간이 고스란히 담긴 생각의 결정체를 책을 읽는 독자는 큰 힘 들이지 않고 습득하는 것이다. 책을 읽는다는 것은 '지혜의 산삼을 먹는 것'과 같다.

나는 독서의 중요함을 대학교 시절에 깨달았다. 물론 어린 시절에도 집에 책이 많았다. 순번이 붙어 있는 위인전, 두꺼운 백과사전, 한자가 더해진 소설책 등이 있었지만 제대로 읽은 기억이 없다. 대학생이 되고 나서부터 책에 관심을 갖게 된 계기가 있었다. 대학교에 입학한 후 모처럼 여유로운 마음에 학교 도서관에 들어선 순간 새로운 세상이 열리는 것 같은 느낌이 들었다. 천장까지 높게 치솟은 대들보에 끝이 보이지 않는 선반, 빼곡히 쌓여있는 책들, 책에서 전해오는 종이의 냄새, 공기마저 가라앉은 듯한 엄숙한 분위기, 마치 다른 세계에 온 것만 같은 느낌이었다. 이러한 경험을 어릴 때부터 할 수 있었으면 얼마나 좋았을까 하는 생각이 들었다. 부모와 자녀가 함께 손을 잡고 도서관이나 서점에 들러 좋아하는 책을 하나씩 잡고 책에 빠져드는 모습을 상상해보라.

책을 통해 자녀가 다양한 간접 경험을 할 수 있도록 독서습관을 갖도록 하는 것은 정말 중요하다. 인터넷이 발달하고 원하는 지식은 키보드로 몇 글자만 치면 언제든지 찾을 수 있는 시대가 되었지만 자신이 원하는 것이 무엇인지는 인터넷을 아무리 검색해도 나오지 않는다. 자기가 꿈꾸는 소망과 바람은 자신만이 알 수 있다. 미래에 하고 싶은 일, 되고 싶은 자신의 모습은 책을 통해서 느낄 수 있다.

자녀가 스스로 책에 관심을 갖게 하려면 부모가 먼저 책을 집어 들어야 한다. 자녀의 책상 위에 교과서 뿐만 아니라 언제든지 책을 집어들 수 있는 환경을 조성해 주자. 그리고는 먼저 책을 읽는 모습을 보여주자. 부모와 자녀가 한 집에서 책을 읽으며 서로의 꿈을 응원하는 일상, 상상만 해도 즐겁지 않은가?

5. 바깥으로 나가라

자녀와 함께 여행을 떠나본 것이 언제인가?

자녀는 사춘기에 접어들면서 부모와 보내는 시간을 불편해 하기 시작한다. 어릴 때는 부모와 잠시도 떨어지기 싫어서 안달이었지만 시간이 지나면서 부모와 심리적으로 점점 멀어지게 되는 경향이 있다. 보통 중학생이 되면 가족보다는 친구와 함께 보내는 날들이 많아지고 자신의 정체성을 친구로부터 찾으려 하기도 한다. 게다가 부모는 경제적인 활동으로 바빠서, 자녀는 공부를 하느라 힘들어서 부모와 자녀의 대화는 점점 줄어들게 된다. 매일 한 공간에서 숨을 쉬고 얼굴을 보고는 있지만 어느 순간부터 부모와 자녀 사이가 어색하게 느껴진다.

자녀는 학교와 학원을 다녀와서 집에 도착하면, 익숙한 듯이 컴퓨터의 전원을 켠다. 공부를 제외하고 집에서 할 수 있는 마땅한 일이라고는 컴퓨터, 스마트폰, TV 시청 등 매우 한정적이다. 부모의 입장에서 조금 무리를 해서라도 자녀와 함께 여행 계획을 꾸며보면 어떨까?

여행을 하면서 깊이 있는 대화를 나누고 자녀에게 게임 이외에 꿈을 펼칠 수 있는 넓은 세상이 있다는 것을 보여주자. 여행이 아니라도 좋다. 차를 타고 집 밖으로 나가서 근교 호수를 바라보며 산책을 하던지, 수목원에 가서 상쾌한 공기를 마시고 바람을 쐬어도 좋다.

작년 여름, 나는 여름휴가를 이용하여 포르투갈과 스페인으로 여행을 떠났다. 7박 9일의 일정으로 여행사에서 준비한 일정에 맞추어 가이드를 따라다니며 이베리아 반도의 자연과 친절한 사람들의 온정을 몸으로 느꼈다.

끝이 없는 지평선, 시원한 올리브 나무숲, 유럽의 고풍스러운 건축물 등을 보며 여기가 유럽이구나는 생각이 들었다. 여행사의 일정에 따라 우리 가족뿐만 아니라 처음 만나는 다른 가족들과 함께 여행을 다녔다. 우리 일행 중에 아주 인상깊은 아이가 한 명 있었다. 중학교 3학년 여학생으로 인서라는 아이였다. 인서는 중학생이 되고 나서 매년 부모님과 함께 해외여행을 계획했고, 이번 여행이 3번째 해외여행이라고 했다. 놀라운 점은 인서가 스스로 해외를 체험하고 싶어서 부모님께 함께 여행을 가자고 했다는 사실이다. 인서는 여행지를 돌아다니며 그곳에서 느낀점을 수첩에 기록했고 깨달은 마음을 시로 표현했다. 그리고 다음 여행지로 이동하는 버스 안에서 같은 일정의 여행객들에게 여행에서 느낀 감정을 적은 시를 낭송했다. 인서는 학업 성적이 우수한 것은 물론이고 책을 좋아해서 수시로 책을 읽는 것이 습관이 되었다고 한다. 고등학교로 진학하면 수능 준비를 위해서 공부에 전념하기로 했다고 말했다. 그래서 고등학생이 되기 전에 여행을 통해 최대한 많은 것을 느끼고 경험하고 싶다고 덧붙였다. 중학생임에도 불구하고 이토록 시야가 넓을 수가 있다니, 나는 여행을 하는 내내 인서에게 감탄을 금치 못했다. 인서가 여행 중에 썼던 시는 문장에 깊이가 있었고 사물을 묘사하는 표현에는 성숙함이 가득했다. 인서는 부모가 시키지 않아도 스스로 공부를 했고, 늘 새로움에 대한 욕망을, 청소년의 무한한 상상력을 분출하는 듯했다.

나는 인서가 진취적인 자세를 갖고 자존감이 높은 이유가 무엇일까를 곰곰이 생각했다.

그리고 이내 화목한 가정 분위기와 여행의 힘이라고 결론지었다. 여행은 자신에 대해 곰곰이 돌아볼 수 있는 여유로운 마음을 생기게 한다. 낯선 곳에서 다양한 광경을 목격하다 보면 마음속 한구석이 뜨거워지는 것을 느낄 수 있다. 새로운 목표를 세우기도 하고 이

전의 일을 반성하기도 한다. 오늘의 여행의 여운은 새로운 여행 계획을 구상하게 만든다. 인서는 주기적인 여행을 통해서 자신의 꿈을 꿨고 공부를 해야 하는 이유를 찾지 않았을까.

자녀에게 세상은 컴퓨터, 스마트폰, 인터넷, 텔레비전 말고도 유익한 것이 많다는 사실을 체험으로 깨달을 수 있는 기회를 주어야 한다. 그러기 위해서는 자녀와 함께 자연으로 나가야 한다. 스스로 새로운 경험을 많이 할 수 있도록 배려해야 한다. 백문이 불여일견, 백번 듣는 것보다 한 번 보는 게 더 효과적이다. 늘 익숙한 무언가가 아닌 새로운 광경을 접하는 순간은 기억에 오랫동안 남는다. 초등학생 때 학교에서 무엇을 배웠는지는 기억이 나지 않지만 소풍이나 사생대회에 갔던 날은 생생하게 기억나지 않는가. 소풍가서 찍은 단체 사진을 보기만 해도 부모님께서 어떤 음식을 싸주셨는지, 그날 어떤 옷을 입었는지, 어떤 일이 있었는지 기억이 새록새록 떠오를 것이다.

집에서는 자녀가 게임을 못하도록 하는 환경을 조성하기 어렵다. 하지만 함께 집을 벗어나면 게임을 하고 싶어도 할 수가 없다. 부모와 자녀가 함께 새로운 경험을 하면 할수록 부모와 자녀는 가까워진다. 자녀는 이러한 부모에게 고마움을 느낄 것이고, 자신에 대해 돌아볼 수 있는 시간을 가질 수 있다. 굳이 많은 비용이 소요되는 여행을 떠나지 않더라도 조금만 노력하면 적은 시간과 비용으로 얼마든지 새로운 체험을 할 수 있다. 인터넷을 검색해 보면 여행 장소, 맛집 등 새로운 탐험지가 넘쳐난다. 자녀와 함께 행복한 시간을 즐길 준비가 되었다면 다양한 가능성이 넘치는 새로운 세계로 온 가족이 함께 달려 나가자.

6. 주변의 도움을 받아라

　게임으로 인해 부모와 자녀 사이에 갈등이 극에 치달았거나 가정 안에서의 능력만으로는 상황을 진전시킬 수 없을 수도 있다. 여러 가지 방법을 활용해도 자녀가 게임 속에서 빠져나오지 못하고 있다면 전문가의 도움을 받아보자.

　앞서 언급했듯이, 자녀가 게임에 과몰입하는 원인은 게임 자체에 있지 않다. 부모와 자녀 간 학업문제 혹은 다른 이유로 심각한 갈등은 없었는지를 생각해봐야 한다. 혹시 자녀가 학교생활에 적응하지 못하고 있지는 않은지, 교우관계에 문제점은 없는지, 수시로 자녀의 입장에서 생각해 봐야 한다. 이유없이 반항을 하거나 부모의 말을 고의로 듣지 않는다는 느낌이 든다면 차근차근 관계를 숙고해 봐야 한다.

　게임에 심취해 있는 자녀에게는 부모의 말이 들리지 않는다. 부모 입장에서는 자녀를 위해서 하는 충고이지만 자녀의 입장에서는 잔소리로 들릴 수도 있다. 자녀는 부모가 색안경을 쓰고 자기를 바라보고 있다고 생각한다. 부모의 입장에서 많은 노력을 기울였음에도 불구하고 상황이 좋아질 기미가 보이지 않는다면 주위의 도움을 받아보자. 제삼자의 입장에서 부모와 자녀 관계를 살펴보고 진지하게 조언을 해줄 누군가가 필요하다면 적극적인 자세로 알아보자.

　정신과 병원이나 전문 상담기관을 활용해보자. 자녀는 부모의 말은 잘 듣지않아도 의사나 상담사와 같은 전문가에게는 자신의 생각을 이야기할 수도 있다. 부모에게 쌓인 감정의 골이 깊어 부모에게는 속마음을 활짝 열지 못하지만, 편안한 분위기에서 자기의 이야기를 귀담아 들어줄 준비가 되어있는 누군가에게는 평소에 제대로 하지 못하는 말을 하게 된다. 부모 역시 부모의 입장에서 몰랐던 잘못을 깨달을 수 있고, 보다 발전적인 방향으로 가정을 이끌 수 있는 방법을 배울 수 있다. 자녀가 게임에 빠지게 된 근본 원인을 알 수도 있으며 이를 바탕으로 건전하게 게임을 할 수 있도록 도와줄 수도 있다.

　우리나라에는 게임으로 인한 부모와 자녀 간 갈등을 해소하기 위한 많은 단체가 있다. 예를 들어 게임문화재단은 병원과 제휴를 맺고 게임의 과다 이용으로 고민인 부모와 자녀를 위한 자가 진단과 점검을 진행하고 있다. 정신과 병원에서는 게임 과몰입으로부터 빠져나올 수 있도록 심리 상담을 한다. 자녀의 심리 상태를 정확하게 파악하고 원인을 먼저 알아야 한다.

문제는 자녀를 이러한 기관으로 데려오는 일이다. 일반적으로 정신과 병원은 정신적으로 커다란 문제가 있는 환자들만 찾는 곳이라고 생각한다. 자녀는 스스로를 남들보다 조금 게임을 많이 할 뿐이지 문제가 있다고 생각하지 않는다. 그러나 부모는 자녀와 정반대의 생각을 가지고 있다. 이러한 부모와 자녀의 대립의 원인을 전문가에게 상담을 받는 자체만으로 큰 도움이 될 것이다. 부모와 자녀가 함께 공동체인 가정을 돌아볼 수 있는 시간이 주어지기 때문이다. 따라서 부모는 자녀가 게임을 많이 하기 때문이 아니라 부모와 자녀 그리고 가정의 안녕을 위해서 상담을 받아보자고 자녀를 설득하는 것이 좋다. 이를 통해 평소에는 보이지 않는 자신과 자녀의 모습을 확인하고 게임으로 인한 갈등을 해소할 실마리를 찾을 수 있을 것이다.

5장
부모의
역할

1. 스마트폰을 멀리 하라 |149

2. 자녀에게 관심을 가져라 |153

3. 자녀의 게임 패턴을 유심히 관찰하라 |157

4. 윽박지르기는 자녀를 속박하는 것이다 |162

5. 자녀는 부모를 보고 배운다 |166

6. 게임을 직접 플레이하라 |170

7. 자녀를 게임 중독자로 보지 마라 |174

8. 부모도 꿈을 꾸어야 한다 |179

액션 게임

플레이어의 신속한 의사결정과 동작, 그리고 그에 따른 즉각적인 결과가 특징으로, 액션 영화를 보는 것과 같은 통쾌한 재미와 통제감(sense of control)의 재미를 제공한다. 과거 전자 오락실의 게임들은 대부분 액션 게임이 주를 이루었다. 대표적인 게임으로는 대전 게임인 <버추어 파이터>, <철권> 등이 있고, 전자 오락실에서 유행했던 <동키 콩>, <슈퍼마리오> 등이 있다.

1. 스마트폰을 멀리 하라

'아이는 부모의 거울이다.'라고 한다. 자녀는 부모를 쏙 빼닮는다. 우선 자녀는 태어날 때부터 부모의 외모와 유전자를 물려받는다. 뿐만이 아니라 자녀는 성장하면서 무의식적으로 부모의 흉내를 낸다. 마치 부모와 똑같이 되려고 하는 본능을 가지고 태어난 것처럼 자녀는 부모를 바라보며 성장한다. 세 살 정도가 되면 아이는 부모가 사용하는 단어를 따라한다. 아이 앞에서 찬물도 못 마신다는 말이 있다. 모든 것을 따라하는 아이에게 특히 부모의 행동과 말투는 가장 먼저 배우는 습관과 언어가 된다. 아이의 버릇, 행동, 생활습관을 나무라기 전에 부모의 행동을 우선 돌이켜보아야 한다. 아이는 반드시 누군가의 행동을 따라한 것이기 때문이다.

자녀는 자기도 모르게 부모의 행동과 습관을 물려받고 부모의 의식을 그대로 이어받는다. 예를 들어 편식을 하는 부모는 편식을 하는 모습을 자녀에게 보여주게 된다. 부모가 특정한 음식을 먹지 않으면 자녀는 그 음식에 뭔가 문제가 있다고 생각한다. 그리고 그대로 따라한다. 좋아하지 않는 음식에는 젓가락을 올리지 않는다. 그렇다면 자녀에게 좋은 습관과 행동을 가르치는 방법은 간단하다. 남을 배려하거나 존중하는 모습, 이웃에게 인사를 건네는 모습 등 부모의 이러한 좋은 행동들은 굳이 설명할 필요없이 자녀에게 그대로 전해진다. 자녀가 효도하기를 바란다면 부모가 본인의 아버지, 어머니에게 잘해드리는 모습을 보여주면 된다. 자녀의 행동 패턴의 대부분은 부모를 통해 길들여진다.

자녀가 게임에 빠지지 않기를 바란다면 부모 역시 게임을 하지 말아야 한다. 부모는 게임을 하면서 자녀는 게임을 하지 말기를 바라는 것은 모순이다. 무엇이든지 부모가 먼저 솔선수범하는 모습을 꾸준하게 지속적으로 보여주어야 자녀의 의식에도 그대로 학습된다. 자녀가 공부하기를 바란다면 부모가 공부를 해야 한다. 부모는 텔레비전을 보거나 잠을 자고 있으면서 자녀가 공부하기를 바란다면 부모의 바람이 이루어지기는 쉽지 않을 것이다. 자녀가 책을 가까이하기를 원한다면 적어도 자녀가 보는 앞에서는 책을 읽는 모습을 보여주어야 한다.

현대사회에서 부모가 일상에서 가장 조심해야 할 물건은 스마트폰이다. 스마트폰은 문명의 이기이자 현대를 살아가는 사람에게 반드시 필요한 물건이 되었다. 스마트폰이 없는 사회생활은 상상하기 어렵다. 다른 사람과 연락할 수도 없고, 필요한 정보를 간편하게 검색할 수도 없다. 중요한 문자, 메일을 주고받을 수도 없다. 어느덧 스마트폰은 모든 사람들의 중요한 분신이 되었다. 스마트폰이 없으면 불안을 느끼는 사람도 많다. 밥을 먹으면서도 스마트폰을 들여다보고 다른 사람과 대화를 하면서도 스마트폰을 만지작거린다. 하루 24시간 내가 있는 곳에는 어디든지 항상 스마트폰이 있다. 불과 10년 전만 해도 이런 삶의 변화를 예측한 사람은 많지 않았다.

자녀가 보는 앞에서 스마트폰을 습관적으로 사용하는 모습을 보여주면 자녀도 마찬가지로 스마트폰에서 헤어나오지 못한다. 스마트폰은 작은 게임기라고 생각해야 한다. 자녀가 대화를 하는 도중이나 밥을 먹을 때도 스마트폰을 사용하고 있다면 제재를 가해야 한다. 꼭 필요한 경우가 아니라면 스마트폰을 쓰지 못하도록 통제해야 한다.

당당하게 자녀의 스마트폰 사용을 통제하기 위해서는 부모가 먼저 스마트폰을 멀리하는 습관을 들여야 한다. 작은 화면을 뚫어지게 쳐다보며 즐거워하는 부모의 모습을 바라보는 자녀가 항상 옆에 있다는 사실을 명심해야 한다. 부모가 스마트폰을 이용하면서 이토록 즐거워하는데 자녀도 얼마나 스마트폰을 사용하고 싶겠는가.

거실에 각자의 스마트폰 바구니를 만들고 집에서는 스마트폰을 바구니에 담도록 하는 방법도 있다. 전화가 오거나 특정한 시간에만 스마트폰을 이용하도록 가정에서 규칙을 정할 수도 있다. 자녀가 게임을 멀리하기를 바란다면 먼저 스마트폰을 포함한 텔레비전, 전자기기 등을 자녀가 보는 앞에서는 가능한 이용하지 않는 습관을 기르고 실천해야 한다.

2. 자녀에게 관심을 가져라

초등학생 때만 해도 부모에게 살갑게 굴고 부모의 말이라면 고분고분 잘 들었던 자녀가 어느 순간 변하기 시작한다. 고집이 생기기 시작하고 부모의 말이 자신의 생각과 다르면 잘 받아들이지 않는다. 여기에 학교 성적으로 부모의 기대에 부응하기 어렵다는 생각이 들면 심한 괴로움을 느낀다. 자녀는 이런 시기에 스트레스를 해소할 통로를 찾게 되고, 게임에 빠져들게 된다. 게임 속에서 자신의 존재 가치를 찾으려 한다. 게임 속에서 만나, 얼굴도 모르는 온라인 친구와 대화를 더 많이 하고 속을 터놓기도 한다.

세상의 모든 것은 변화하고 지나간다고 했던가. 자녀의 방황의 시기 역시 언젠가 지나갈 것이다. 지나고 나서 생각하면 아무것도 아닌 일들이지만, 당시에는 깊은 상처를 받고 마음에 앙금이 생긴다. 자녀에게는 자신만의 정체성을 확립할 시간이 필요하다. 결국 이러한 시기를 자녀 스스로 헤쳐나가야 한다. 스스로 자신의 문제를 해결하고 나올 때까지 관심을 가지고 기다려주어야 한다. 자녀에게 애정을 가지고 다정하고 포근하게 다가간다면 자녀는 자신을 사랑해주고 응원해주는 사람이 있다는 느낌을 받으며 안정감을 찾을 것이다. 사람은 자신의 말을 잊지 않고 기억해주는 사람이 곁에 있음을 느낄 때 존중받는 느낌을 받는다.

부모는 자녀에게 든든한 버팀목처럼 편안한 안식처 같은 존재가 되어야 한다. 항상 자녀와 눈높이를 맞춘 대화를 통해 자녀의 입장을 충분히 공감한 다음에 자녀가 이성적인 판단을 할 수 있는 시점이 되면 잘못된 점을 알려주고 문제점을 바로 잡아주자.

필자의 고등학생 시절, 게임에 빠져서 매일같이 게임을 하고 주말이면 친구네 집에서 잠을 자고 오겠다고 해도 어머니는 이해해주었다. 아는 형들과 함께 PC방에서 게임 연습을 하느라 밤을 지새우고 와도 사전에 이야기만 하면 허락해주었다. 고등학생이 되어서도 공부는 하지 않고 게임만 하는 나를 보며 속으로 많이 안타까워 하셨을 것이다. 하지만 어머니는 부드러운 말로 건강에 대해 걱정을 하실 뿐 나를 믿고 묵묵히 기다려주었다.

아버지는 나에게 "어떻게 하루 종일 게임만 할 수 있냐.", "도대체 커서 뭐가 되려고 그러냐."라며 핀잔을 주기도 했지만 어머니는 가끔은 걱정스러운 눈으로 나를 바라볼 뿐, 게임을 진심으로 좋아하는 아들을 이해해주었다. 덕분에 게임 대회에 출전하기 위해 늦은 시간까지 연습을 할 수 있었다. 이러한 어머니의 배려 덕분에 고등학교 3학년이 되어 수능을 준비하기 위해 공부를 본격적으로 시작하기 전까지, 게임을 정말 질리도록 많이 했다. 프로게임단 연습실에서 합숙 생활을 했고, 단체 생활을 통해 사회생활의 질서를 배웠다. 게임방송의 카메라 앞에 서서 떨리는 목소리로 인터뷰를 하기도 했다. 일생에 다시는 경험할 수 없는 수많은 일들을 게임을 통해 경험할 수 있었다.

나는 게임을 하고 싶은 만큼 했고, 게임을 그만둔 뒤에는 공부에 몰두할 수 있었다. 아마 부모님이 게임을 못하도록 강압적으로 통제했다면, 나는 게임도 못하고 공부도 못했을 것이다. 게임을 하지 못하게 하는 부모님을 원망하며 학교에서도 공부를 하지 않았을 것이다.

학교 수업을 마치고 집에 돌아오면 게임을 마음껏 할 수 있었기에 학교 수업 시간에는 최대한 집중할 수 있었다. 내가 하고 싶은 대로할 수 있다는 믿음은 게임과 공부를 동시에 할 수 있는 바탕이 되었다. 게임과 공부를 병행하며 열심히 하자, 아버지도 어느덧 나의 꿈을 인정해주었다. 수능을 마치고 프로게이머로 즐겁게 활동할 수 있었던 이유는 순전히 부모님의 관심과 사랑 덕분이다.

　부모가 자녀에게 애정을 쏟고 있는지 아닌지는 자녀가 가장 잘 알고 있다. 부모가 관심을 가지고 내가 하고 있는 일을 응원하는 것인지, 아니면 그저 포기한 것인지는 금방 느낄 수 있다. 게임에 빠져있는 나를 보면서도 어머니는 항상 웃는 얼굴로 대해주었고 덕분에 나는 큰 자신감을 가질 수 있었다. 부모님이 나를 포기했다는 느낌은 전혀 받지 않았다.

　자녀를 향한 관심의 힘은 말로 설명할 수 없을 정도로 대단하다. 자녀가 하는 행동에 관심을 가지고, 따뜻한 눈과 마음으로 지켜봐주자.

3. 자녀의 게임 패턴을 유심히 관찰하라

게임의 종류는 참 다양하다. 액션 게임, 시뮬레이션 게임, 카드 게임 등 게임의 방법도 가지각색이다. 한 판에 30분 내외로 끝나는 게임이 있는 반면, 끝이라는 개념 자체가 없는 게임도 있다. 자녀가 어떤 게임을 좋아하고 어떤 게임 패턴을 보이는지 알아두면 자녀에 대해 이해하는 데 도움이 된다. 게임에 빠져드는 자녀의 심리를 이해하고 적당한 시간 동안 게임을 즐길 수 있도록 유도하자.

우리나라에는 수많은 게임이 성행하고 있지만 넓은 관점에서 보면 크게 두 가지로 분류할 수 있다. 한 판, 한 판이 독립적인 게임과 그렇지 않은 게임이다.

독립적인 게임은 스타크래프트, 리그오브레전드, 오버워치, 피파 온라인과 같은 게임처럼 한 판의 게임에 일정한 시간이 필요한 게임이다. 이런 게임은 대부분 상대방과 실력을 겨루는 게임이며 게임의 흐름에 따라 승자와 패자가 명확하게 구분된다. 상대에게 이기기 위해서는 게임에 집중해야 하고 한 번 게임에 빠지면 오랜 시간 오롯이 몰두하게 된다.

독립적이지 않은 게임은 이전에 했던 플레이가 계속해서 이어지는 게임이다. 리니지, 메이플스토리, 뮤, 월드오브워크래프트, 디아블로와 같이 꾸준히 캐릭터를 성장시키는 게임으로 한 판, 두 판 이런 식으로 셀 수 없는 게임이다.

당신의 자녀는 어떤 게임을 좋아하고 즐겨하는가?

어떤 게임을 하느냐에 따라 자녀의 성격을 파악할 수 있고 자녀를 이해하는 데 도움이 될 것이다.

자녀가 게임을 하는 시간은 어떠한가? 늦은 시간까지 잠을 자지 않고 게임을 즐기는가? 아니면 적당한 시간까지 게임을 하고 스스로 컴퓨터를 끄는가?

게임을 하는 시간에 따라서 게임에 얼마나 빠져있는지 가늠할 수 있다. 하루에 한, 두 시간 정도 게임을 하는 것은 큰 문제가 되지 않는다. 주말에는 집에 있는 시간이 많으므로 좀 더 게임을 오래 할 수도 있다. 하지만 매일 세, 네 시간씩 게임을 한다면 자녀를 주의 깊게 살펴볼 필요가 있다. 게임에 빠져 식사를 거른다든지, 꼭 해야 할 일을 깜빡하진 않는지 지켜봐야 한다. 자녀가 게임을 즐기는 시간이 점점 길어진다면 게임에 과몰입된 것이 아닌지 생각해봐야 한다.

게임을 하는 이유도 중요하다. 단순히 게임이 재미있어서 하는지, 친구들과 어울리기 위해서 하는지, 아니면 프로게이머가 되기 위해서 하는지, 그저 시간을 보내기 위해 게임을 하는지 정확하게 알아야 한다. 게임이 재미있어서 하는 것이라면 크게 걱정할 필요는 없다. 게임보다 더 흥미로운 무언가를 찾으면 자연스럽게 다른 곳으로 관심을 옮길 것이다. 하지만 아무런 목적없이 게임 자체를 수단으로 삼고 있거나 현실 상황의 도피처로 게임을 하고 있다면 주의해야 한다.

게임을 누구와 하는지도 살펴보자. 혼자서 게임을 하는지, 아니면 학교 친구들과 하는지, 게임 속에서 만난 온라인 친구와 게임을 하는지도 중요하다. 친구들과 함께 게임을 즐기는 것이라면 사회성이나 교우관계가 좋다고 볼 수도 있다. 운동장에서 공놀이를 하듯이 친구들과 어울리고 있는 것이라고 생각해도 무방하다.

하지만 혼자서 게임을 하고 있다면 이야기는 달라진다. 얼굴도 모르는 온라인 친구와 게임을 오랫동안 하고 있다면 자녀가 사교성이 부족한 것은 아닌지 걱정해볼 필요가 있다. 온라인에서 사람을 사귀는 것은 참 편하다. 나와 밀접한 관계가 없는 사람이라는 생각이 들기 때문에 아무 말이나 거침없이 할 수 있다. 상대방 또한 내가 누구인지 모르기 때문에 거리낌이 없다. 상대방이 마음에 들지 않으면 언제든지 관계를 단절하면 그만이다. 하지만 이러한 관계에 익숙해지면 사람과 깊게 교우할 수 없고 진정한 벗을 사귈 수가 없다.

실제 현실에서 오랫동안 교우관계를 유지하고 있는 친구들에게서만 배울 수 있는 덕목들이 있다. 상대방에 대한 배려가 그중 으뜸이다. 온라인 만남에서는 배려의 마음을 찾아보기가 어렵다.

서로 잘 알고 있는 친구들과의 게임에서는 다투기도 하고, 어깨를 부딪치고 어울리면서 상대를 배려하는 마음과 감사할 줄 아는 용기를 배울 수 있다.

게임의 수만큼이나 게임을 하는 이유와 목적은 제각각이다. 자녀가 게임을 하는 원인을 정확하게 이해하는 것이 중요하다. 그래야만 자녀의 심정을 이해하고 의미있는 대화를 할 수 있다. 조금만 관심을 기울이면 자녀의 행동 패턴을 알 수 있고, 부모 자녀 관계를 보다 발전적으로 바꿀 수 있다.

4. 윽박지르기는 자녀를 속박하는 것이다

　게임에 빠져있는 자녀를 둔 부모라면 어떻게 해야 자녀가 과도한 게임 몰입에서 헤어나올 수 있을지 고민이 많을 것이다. 부모는 게임에 빠진 자녀의 모습을 보면서 도대체 왜 공부를 방해하는 게임을 만든 게임 회사를 원망한다.

　이러한 부모들의 탄원에 실제로 정부가 나서서 16세 미만의 청소년에게 심야 시간에는 게임을 하지 못하도록 제한한 법을 제정하기도 했지만 신통치 않다. 자녀는 부모의 주민등록번호를 이용해서 늦은 시간에도 게임에 접속을 하는 등 예상치 못한 부작용을 양산하고 있다. 생각이 바뀌지 않으면 행동이 바뀌지 않는다. 생각의 프로세스를 변화시켜야 게임에 사로잡히지 않는다.

부모가 게임에 빠진 자녀에게 하는 행동 중에 가장 많이 하는 행동은 아마 윽박지르기일 것이다. 분을 참지못하고 한 번만 더 게임을 하면 컴퓨터를 없애버릴 것이라는 협박 아닌 협박을 하기도 한다. 그래도 지금은 게임에 대한 인식이 많이 좋아졌지만 예전에는 게임에 대한 부정적인 생각이 지금보다 훨씬 심했다. 정말 망치를 들고 컴퓨터를 부수고, 전원 코드를 가위로 잘라버리기도 했다. 자녀가 게임을 하고 있음에도 불구하고, 자녀의 동의를 얻지 않은 채 컴퓨터 전원을 내려버리는 일은 허다했다. 심지어 게임 좀 그만하라며 자녀를 때리는 부모도 있었다. 요즘에는 게임을 하지 마라며 자녀를 때리는 부모는 드물지만, 게임을 못하게 하기 위해 고민하는 부모가 있다는 사실은 예전과 다르지 않다.

강압적인 분위기에서는 안타깝게도 아무리 열심히 공부해도 머릿속에 남지 않는다. 자녀는 게임을 하지 못해서 슬프고, 게임을 못하게 막는 부모가 원망스럽다. 부모의 눈치를 보며 억지로 하는 공부는 집중은 되지 않고 힘만 들 뿐이다. 공부할 준비가 전혀 되어있지 않은 마음으로는 책을 펼쳐봤자 헛수고다. 차라리 그 시간에 잠을 자는 게 도움이 될 것이다. 부모는 부모 나름대로 속앓이를 한다. 한편으로는 미안한 마음이 들지만 자녀를 위해서 어쩔 수 없는 선택이라고 생각한다.

이러한 상황은 지금도 여전히 가정에서 벌어지고 있는 실제 상황이다. 오늘도 부모는 자녀에게 소리를 지르며 "게임 좀 그만하고 공부 좀 해라"라고 말한다. 식사 시간인데도 컴퓨터에서 일어설 생각을 하지 않는 자녀에게 역정이 난다. 부모의 참을성은 한계에 다다른다. 폭발하는 감정을 주체하지 못하고 자녀에게 분노를 쏟아낸다.

이런 일이 생겼을 때 자녀는 무척 당황한다. 학교에서 열심히 공부를 하고 집에 와서 휴식의 시간을 갖자는 의미의 게임도 마음대로 하지 못하고 부모님의 눈치를 보며 다시 억지 공부를 하자니 제대로 된 공부가 되겠는가. 자녀의 입장에서 생각하면 참 서글프다는 생각이 든다. 성인도 하루 종일 고생해서 일을 하고 돌아오면 온몸이 녹초가 된다. 집에 도착하면 아무것도 하지 않고 마냥 쉬고 싶다. 이런 상황에서 아내가 가정 형편이 어려운데 쉴 시간이 어디 있냐며 바가지를 긁는다면 생각만 해도 끔찍하지 않은가.

이제 자녀와 게임은 떼어놓을 수 없는 자녀 세대의 문화라는 점을 인정해주자. 게임을 할 수 있게 허용하되 자녀가 주도적으로 게임을 할 수 있는 힘을 길러줘야 한다. 주관이 뚜렷한 자녀는 게임을 하지 말아야 할 경우라면 게임을 하지 않는다. 게임보다 더 중요한 것이 무엇인지 알기 때문이다. 내일이 시험이라면 게임에 손대지 않고 공부에 집중한다. 시험 기간이 끝나고 여가 시간이 되면 게임을 해도 괜찮다고 판단한다. 이런 생각을 스스로 할 수 있도록 자녀를 교육해야 한다. 강압과 윽박지르기 양육으로는 자녀를 변화시킬 수 없다.

과거에는 학교에서 학생들에게 다양한 체벌을 가했다. 당구채로 엉덩이를 세게 때리기도 하고, 두 손으로 구레나룻을 잡아당기기도 했다. 지금은 체벌이 많이 없어졌다. 학생의 인권을 보호하기 위해서 이기도 하지만 체벌로 인한 교육으로는 진정으로 바라는 교육의 효과를 얻을 수 없다는 공감대가 형성되었기 때문이다. 강압으로 인한 교육은 사람을 변화시키지 못한다. 체벌이 두려워 잠시 나아진 것처럼 보이지만 마음은 전혀 변하지 않는다.

교육은 자녀의 두뇌와 마음을 발전적인 방향으로 변화시킬 수 있도록 해야 한다. 그러기 위해서는 자녀를 따뜻한 시선으로 바라보고 진정으로 자녀의 마음에서 나오는 소리를 들어주어야 한다. 이러한 사회적인 환경과 그들의 문화를 이해하는 부모의 자세가 게임을 지혜롭게 활용하는 자녀를 만든다.

5. 자녀는 부모를 보고 배운다

부모는 자녀의 인생 전반에 걸쳐 가장 중요한 존재이다. 부모는 자녀에게 있어서 마치 등대와 같다. 망망대해에서 길을 잃고 헤매던 배는 등대를 바라보며 진로를 바로잡는다.

부모는 자녀에게 있어서 태양과 같은 존재이다. 태양 주위에는 많은 행성이 돌고 있다. 수성, 금성, 지구, 화성, 목성 등이 지금도 태양을 중심으로 빙글빙글 돌고 있다. 부모의 주위에는 자녀가 돌고 있다. 자녀는 부모를 360도로 관찰하고 태양과 행성의 관계처럼 서로 끌어당기면서 밀어낸다. 따라서 부모가 삶을 대하는 자세의 중요성은 아무리 강조해도 지나치지 않다. 자녀는 부모의 아주 사소한 부분까지 배우고 닮기 때문이다.

부모가 나의 이야기를 귀담아 들어주는지, 내가 하는 말에 진심으로 공감을 해주는지, 나를 믿어주고 있는지 자녀는 오랜 시간 동안 부모와 함께 생활하면서 말로는 표현하지 못하지만 몸으로 느끼고 있다. 우리 가정의 분위기는 따뜻한지 차가운지, 부모가 나를 바라보는 눈이 어떠한지, 부모는 존경의 대상인지 등 부모가 만들어가는 가정의 모습과 습관은 자녀에게 그대로 전달된다.

자녀가 커서 화목한 가정을 만들기를 바라며, 어떻게 하면 행복한 가정을 만드는 자녀로 키울 수 있을까를 생각한 적은 없는가?

방법은 간단하다. 부모가 자신의 가족들, 아버지, 어머니, 형제자매와 잘 지내면 된다. 틈틈이 부모님께 전화를 걸어 안부를 물어보고 명절에는 다 같이 모여서 화목하게 지내는 모습을 보여주면 자녀도 자연스럽게 가족 구성원을 존중하고 사랑하게 된다.

자녀가 게임을 하는지 안 하는지가 중요한 게 아니다. 자녀가 무슨 생각을 가지고 게임을 하는지가 중요하다. 게임에 과몰입되어 아무런 생각없이 게임만 하는 것과 잠시 스트레스를 풀기 위해서 게임을 하는 것은 커다란 차이가 있다. 게임에 지배당하지 않고 스스로 절제할 수 있는 정신과 마음가짐이 중요하다. 자녀가 이러한 절제력을 갖기 위해서는 부모의 평소 생활 습관이 어떠한가가 중요하다.

혹시 자녀가 보는 앞에서 무언가에 빠져 주위의 시선을 아랑곳하지 않고 정신을 못 차린 적은 없는가. 드라마, 쇼핑, 낚시, 술과 같이 게임이 아니더라도 무언가에 빠지게 만드는 것들은 수없이 많다. 부모가 이러한 것들에 빠져 자녀를 등한시할 때 자녀도 무언가에 빠져서 부모와 똑같이 행동한다. 부모의 행동을 보고 배운 어린 자녀가 낚시를 하러 가거나 술을 마실 수는 없다. 돈이 없기 때문에 쇼핑을 마음껏 하기도 어렵다. 자녀는 불만과 스트레스를 해소할 만한 대상이 한정적이기 때문에 상대적으로 접근하기 쉬운 게임에 빠지기 쉬울 뿐이다.

서울대 의과대학 소아청소년정신과 김붕년 교수의 저서 ≪아이의 친구관계, 공감력이 답이다≫ 에는 다음과 같은 구절이 있다.

"부모의 자존감이 아이의 자존감을 결정한다. 자존감이 높은 부모는 아이에게 안정된 성장 환경을 제공한다. 자녀의 자존감을 높이는 부모의 특징은, 포근하게 수용하는 자세로 아이를 대하고 아이의 잘못에 대해서도 현명하게 대처한다. 아이와 갈등이 있어도 지혜롭게 대화하고 무엇보다 아이와 함께하는 생활에 만족한다.

부모의 이런 모습을 본 아이들이 어떤 일에서든 포기하지 않는 정신을 배우고 높은 자존감을 갖는 것은 당연하다."

자녀가 게임에 과몰입되지 않기 위해서는 부모의 역할이 무엇보다도 중요하다. 지혜롭게 게임을 할 수 있는 자녀로 키우기 위해서는 지혜롭게 생활하는 부모의 모범이 있어야 한다. 책을 읽고 운동을 하고 건전한 방송프로그램을 보면서 건강한 생활을 하는 부모를 등대와 태양처럼 바라보며 자라는 자녀가 있다는 것을 항상 주의해야 한다. 자녀가 게임에 과몰입되느냐 마느냐는 부모의 삶에 대한 자세가 커다란 영향을 끼친다는 점을 명심하자.

6. 게임을 직접 플레이하라

자녀가 게임을 건전하게 이용하면 얼마나 좋을까?

부모가 소리를 지르거나 제재를 가하지 않아도 공부를 할 때는 공부를 하고 게임을 스트레스 해소용으로 활용하는 자녀. 친구들과의 소통을 위해서 게임을 하는 자녀. 게임에 빠져있더라도 학업에는 지장이 없는 자녀. 이런 자녀라면 어디에서 무엇을 하든지 믿을 수 있고 듬직하지 않겠는가.

부모는 자녀가 하는 모든 일에 관심을 가지고 이해하도록 노력해야 한다. 이는 부모가 해야할 가장 중요한 일이다. 자녀의 행동이 좋은 행동이라면 더 좋은 방향으로 갈 수 있게끔 유도하고 올바르지 못한 습관을 고칠 수 있도록 바른 방향으로 이끌어주어야 한다.

삶을 살아간다는 것은 넓은 망망대해를 헤쳐나가는 일과 같다. 험난한 파도를 만날 수도 있고, 잔잔한 바다 위를 순풍에 돛 단 듯 순조로운 항해를 하는 시기도 있다. 세상은 눈부시게 밝은 면도 있고 칠흑같이 어두운 면도 있다. 모든 일에는 장점과 단점이 동시에 존재하며 상황에 따라서 같은 것도 장점이 될 수도 있고 단점이 될 수도 있다. 과유불급(過猶不及)이라고 한다. 지나침은 미치지 못함과 같다는 의미다. 아무리 몸에 좋은 음식이라도 과하게 먹으면 탈이 난다. 우리는 이 사실을 알기 때문에 영양소의 균형과 섭취량을 고려한다. 아침부터 저녁까지 한 가지 음식만 먹으면 건강한 신체를 유지할 수 없다.

까나리 액젓을 예로 들어보자. 까나리 액젓을 맛보면 찝찝한 맛에 이내 뱉어내게 되지만, 다른 음식에 양념으로 사용하면 음식의 맛을 한층 살리는 데 좋은 조미료가 된다. 뭐든지 균형을 잡고 적재적소에 사용하면 효과는 배가 된다.

게임도 잘 활용하면 장점을 극대화할 수 있다. 자녀가 게임을 건강하게 이용할 수 있으려면 부모가 먼저 게임에 대한 이해와 지식이 있어야 한다.

자녀가 즐기고 있는 게임을 직접 플레이 해보자. 게임 제목이 무엇인지, 어떻게 게임에 접속해야 하는지, 처음에는 조금 난해할 것이다. 하지만 자녀가 그토록 재미있어하는 게임을 함께 즐기자는 생각으로 조금만 관심을 기울이면 충분히 할 수 있다. 모든 게임은 초심자에게 관대하다. 게임이 처음부터 너무 어려우면 초심자가 게임에 적응하기도 전에 포기해버릴 수 있기 때문이다. 게임을 제작하는 회사는 조금이라도 더 많은 사람을 게임에 유입시키기 위해 엄밀히 연구하여 게임을 디자인한다. 게임에 문외한인 사람도 쉽게 게임을 즐길 수 있도록 배려한다. 게임에 접속하면 친절하게 게임을 하는 방법을 알려줄 것이다. 천천히 느긋하게 게임을 즐겨보자. 그렇게 조금씩 자녀에게 한 발자국씩 다가서자. 부모가 자녀에게 다가가면 자녀도 부모에게 다가와 안길 것이다.

자, 이제 게임을 공부했으니 자녀와 함께 재미있는 게임을 할 수 있을 것이다. 자녀에게 함께 게임을 하자고 제안해보자. 가정에 있는 컴퓨터 앞에 같이 앉아서 해도 좋고, PC방에 함께 가도 좋다. 자녀는 뜻밖의 제안에 깜짝 놀랄 것이다. '부모님이 게임을 싫어하는 줄 알았는데'라고 의아해하면서도 함께 게임을 하는 시간을 즐길 것이다. 그리고 감사하는 마음을 가지게 될 것이다. 자신이 좋아하는 게임을 부모와 같이 즐기는 순간 자녀는 자신이 존중받는 느낌을 받는다. 그리고 부모를 더욱 존경하게 된다.

"게임을 해보니까 참 재미있더라."

172

"그래도 게임 때문에 지금 해야 할 일을 놓칠까 봐 걱정이 된다."

"게임 이외에 다른 활동들도 게임처럼 함께 즐겨보자"

자신을 진심으로 이해하는 부모의 말을 듣지 않을 자녀는 없다. 자녀는 서서히 게임을 절제하는 힘을 키우게 되고 게임을 건강하게 이용하게 될 것이다.

7. 자녀를 게임 중독자로 보지 마라

　게임을 하고 있는 자녀를 보며 혹시 게임에 중독된 것은 아닌지 걱정하는 부모가 많다. 걱정은 늘어나고 마음은 불안해진다. 옆집 자녀는 여러 학원을 돌며 선행학습을 한다고 하는데 우리 아이는 게임만 하고 있으니 염려되는 것은 어떻게 보면 당연하다고 할 수 있다.

　게임 중독은 말 그대로 게임에 중독된 상태를 이르는 표현이다. 중독 현상의 공통점은 본인이 중독인 것을 모르고 같은 행위를 계속 반복하거나 잘못인 것을 알면서도 그 행위를 그만두지 못하는 점이다. 새해 초 많은 사람들이 금연을 결심하지만 실제로 담배를 끊는 사람이 많지 않은 이유는 담배를 갑자기 끊으면 금단현상이 오기 때문이다. 집중력이 떨어지고 불안, 흥분, 초조함을 느끼게 된다. 두통,

복통, 소화불량과 같은 증상이 나타난다. 많은 이들이 이런 금단현상을 견디지 못하고 담배를 다시 찾게 된다. 담배를 끊어야지, 끊어야지 생각하면서도 담배를 찾고 있는 것은 담배 중독이라고 볼 수 있다. 술도 마찬가지다. 잦은 실수와 건강에 위협을 받고 있음에도 매일 같이 술을 찾는 행위는 알코올 중독이라고 볼 수 있다. 내가 술을 마시는지 술이 나를 마시는지도 모르는 채 하루도 빠지지 않고 술잔을 들고 손목을 연신 꺾어댄다. 술을 마시지 않으면 잠을 이루지 못하는 사람도 있다.

게임에 중독되었다는 표현은 기성세대의 편향적인 시선을 반영하고 있다. 게임 자체를 부정적인 시각으로 바라보고 있기에 중독이라는 단어를 사용하는 것이다. 중독이라는 말에는 안 좋은 어감이 물씬 느껴진다. 게임은 담배나 술처럼 그 자체로 자녀의 신체에 나쁜 영향을 주지 않는다. 게임 중독이라는 명확한 의료 진단 기준도 없으므로 질병이라고도 할 수 없다. 게임에 중독되었다는 표현보다 게임에 과몰입되었다는 표현을 사용하는 게 옳다.

게임 과몰입은 게임을 너무 오래 이용해서 게임을 하지 않고는 견디지 못하는 경우를 말한다. 게임 과몰입은 왜 생기는 것일까?

이는 게임을 개발하고 디자인하는 게임 회사에도 일정 부분 책임이 있다. 게임 회사의 성패는 유저를 게임에 몰입하게 만들어서 최대한 오랜 시간 플레이를 하게 만드느냐 못 만드느냐로 정해진다. 게임 회사는 교묘한 방법으로 사람의 심리를 자극한다. 예를 들어 유저에게 꼭 필요한 아이템을 발견할 확률은 낮게 설정하고, 그 아이템에 조금 못 미칠 정도의 아이템은 잘 나오게 만든다. 유저는 조금만 더 게임을 하면 원하는 아이템을 찾을 수 있다는 기대로 끊임없이 마우스를 클릭하고 키보드를 두드린다. 고지가 바로 저기인데 여기서 멈출 수 없다는 유저의 마음을 이용하는 것이다. 게임 회사 입장에서는 유저가 원하는 아이템을 최대한 늦게 입수하도록 만드는 게 좋을 것이다.

필자의 초등학생 시절, 프로 야구선수 스티커를 모으는 게 한창 유행했다. 학교 앞 문방구에서 카드를 팔았는데 카드를 다 모으면 이를 값비싼 상품으로 교환해주었다. 모아야 하는 전체 카드 수는 백 장 정도 되었고, 백 원을 지불하면 봉투 안에는 카드 다섯 장이 들어있었다. 친구들은 너도나도 카드를 모으기 위해 구입했다. 그런데 다른 카드는 다 잘 나오는데 당시 최고 인기 프로 야구 선수인 이종범 선수 카드는 잘 나오지 않았다. 간혹 자신이 원하는 선수의 카드

를 획득한 친구의 환호성을 들으며 나는 이종범 선수 카드를 획득하기 위해서 카드 봉지를 수시로 구입했다. 그때는 생각하지 못했지만 아마 이종범 선수 카드는 카드회사의 전략상 다른 선수들보다 적게 넣었을 것이다.

물론 이종범 선수 카드나 게임 속 아이템이 나올 확률이 너무 낮다면 곤란하다. 누군가는 아이템을 획득하고 커뮤니티 사이트나 다른 유저들에게 자랑을 하게끔 만들어야 한다. 그래야만 다른 유저들이 아이템을 찾기 위해 게임을 계속할 것이기 때문이다. 이러한 시스템은 유저를 맹목적으로 게임에 빠지게 만드는 요인이 된다.

하지만 가장 중요한 것은 게임을 하는 자기 자신이다. 나는 게임 과몰입을 개인적인 관점에서 해석하고 싶다. 게임을 아무리 오래 한다고 해도 자신의 생활에 영향을 주지 않을 정도로 조율할 수 있다면 게임 과몰입이 아니다. 반대로 짧은 시간 동안 게임을 한다고 해도 자기가 해야 할 일을 못하고 놓쳐버린다면, 정도의 차이는 있겠지만 게임 과몰입이라고 생각한다.

예를 들어 프로게이머는 다른 어떤 누구보다 게임을 많이 한다. 하지만 프로게이머에게 게임 중독자 또는 게임에 과몰입된 사람이라고 표현하지는 않는다. 프로게이머는 게임을 하는 것 자체로 스트레스를 엄청나게 받기 때문이다. 쉬는 시간에는 게임에 손도 대기 싫어진다.

자녀가 게임을 하더라도 일상생활에 영향을 주지 않도록 올바른

지도가 필요하다. 자녀 스스로가 게임을 해야 할 때와 하면 안 될 때를 명확하게 판단할 수 있다면 좋겠지만, 어린 나이에 성숙한 가치 판단을 내리기는 쉽지 않다. 이럴 때 부모가 나서서 도와줘야 한다. 게임을 나쁜 시선으로 바라보고 게임을 하는 자녀에게 문제가 있다고 생각하지 않았으면 좋겠다.

애정을 가지고 자녀와 대화를 이끌어나가야 한다. 자녀가 게임을 하느라 놓치고 있는 것은 없는지, 자녀에게 다정하게 물어보고 행동의 우선순위를 스스로 깨닫게 하는 지도가 필요하다. 자녀의 나이가 20대 중후반이 되면 좋든 싫든 게임을 할 수 없는 상황이 온다. 취업을 준비하느라 또는 회사에서 일하느라 집에 돌아오면 파김치가 돼서 게임 생각이 나지 않기 때문이다. 게임을 좋아하는 자녀를 어린 나이에 가질 수 있는 당연한 호기심이라고 생각하고 지켜봐 주자. '자녀가 게임을 할 수도 있다'라는 생각을 가지면 자녀를 바라보는 시선이 크게 바뀔 것이다.

8. 부모도 꿈을 꾸어야 한다

과학자이자 교육자인 윌리엄 클라크라는 외쳤다.

"소년이여 야망을 가져라"

그의 말대로 소년은 무엇이든 상상할 수 있고, 상상하는 그 이상을 해낼 수 있는 잠재력을 가지고 있다. 부모는 자녀가 원대한 꿈을 꾸고 이상을 실현시킬 수 있도록 도와주는 최고의 도우미다. 부모는 자녀가 남들보다 좋은 직업을 가지고 사회에서 인정받는 일을 하길 바란다. 그리고 자녀에게 온 힘을 다해 헌신한다. 나는 그러한 부모들에게 윌리엄 클라크의 표현을 빌려 이렇게 말하고 싶다.

"부모여 야망을 가져라"

자녀에게만 큰 꿈을 꾸도록 만드는 메신저 역할에 머물지 말고 부모도 꿈과 야망을 가져야 한다. 회사에서 일을 하느라 또는 자녀를 돌보느라 그런 생각은 할 틈도 없고, 마음에 여유도 없을지도 모른다. 그럼에도 불구하고 마음속 깊은 구석에서 지금은 잊혀진 자신의 꿈을 떠올리고 항상 품고 있어야 한다. 자녀는 꿈을 꾸는 부모를 바라보며 더 웅대한 미래를 그리게 된다.

절대 자녀가 공부를 잘해서 좋은 대학에 들어가는 것이 꿈이라고 말하지 말자. 진정으로 자신을 위한 꿈을 가져야 한다. 그림을 그려서 전시회에 출품하는 꿈을 꿀 수도 있고, 불우한 사람들을 위해 봉사활동을 하는 꿈을 꿀 수도 있다. 어떤 꿈이든 자신의 내면을 바라보는 꿈을 꾸어야 한다.

우리나라 부모는 자녀에게 헌신한다는 말로는 부족할 정도로 자녀를 위해 자신을 희생한다. 자녀를 위해서라면 못할 일이 없다. 자녀의 학업 성적을 올리기 위해서라면 어떤 일도 마다하지 않을 준비가 되어 있다. 입시설명회에 참석하기 위해서 며칠 전부터 만반의 준비를 한다. 보다 좋은 학원은 없는지 수시로 확인한다. 자녀의 공부를 위해서라면 무엇이라도 아끼지 않는다.

그러나 진심으로 자녀를 위한다면 자녀를 공부만 하는 공부벌레로 만들지 말자. 성적표에 찍힌 숫자 하나에 일희일비하고 자녀를 성적표 보듯이 하지 않았으면 좋겠다. 간혹 부모가 자녀를 잘 키웠다는 대리만족을 느끼기 위해서 성적에 집착하는 건 아닌지 의문이 들 정도이다.

부모는 자녀의 눈높이에서 자녀의 마음을 이해하고 지지해주는 가장 든든한 지원자이자 동반자이다. 자녀가 무엇이든지 스스로 사고할 수 있도록 하고, 자녀가 쉽게 결정하기 힘든 것들도 스스로의 판단으로 생각해볼 수 있도록 지켜보고 도와주자.

예를 들어 자녀가 가져야 할 꿈, 진로, 미래의 삶 등은 구체적으로 생각하고 체험할 수 있도록 꿈과 관련된 곳을 자녀와 함께 방문하는 것이다. 자녀의 꿈과 희망을 더욱 구체적으로 발견하고 발전시킬 수 있도록 안내자가 되어주자.

부모 역시 큰 꿈을 꾸자. 시야를 좀 더 넓혀서 멀리 내다볼 수 있는 큰 세상을 보자. 숙제는 했는지 안 했는지, 영어 문제집은 풀었는지 안 풀었는지 등의 작은 문제로 자녀를 압박하지 말자. 부모에게 혼나지 않기 위해 답안지를 베껴서 문제집을 채우는 자녀를 만들지 말자.

물론 자녀의 성적이 어느 정도인지 관심을 가지는 것도 중요하다. 성적은 자녀를 평가할 수 있는 객관적인 지표가 되기도 한다. 그러나 자녀의 성적에 너무 '올인'하고 있는 것은 아닌지 돌아봐야 한다. 그리고 정작 부모 자신의 인생을 위해서는 무엇을 하는지 생각해봐야 한다. 부모가 꿈을 지키며 꿈을 잃지 않았다는 것을 자녀에게 보여줄 때, 자녀의 꿈 또한 더불어 성정하고 있음을 항상 기억하자.

부모의 자존감이 높으면 자녀의 자존감도 높아지고 부모가 꿈을 꾸면 자녀도 꿈을 꾼다. 더 퍼포먼스 대표 컨설턴트인 류랑도는 자신의 저서 ≪제대로 키워라≫에서 이렇게 말했다.

"부모가 스스로 자신의 실력을 꾸준히 키워나갈 때 자녀 또한 그와 같은 부모의 모습을 닮고 싶어한다. 부모가 자기 계발을 통해 즐거움을 느낄 때 자녀도 마찬가지로 부모의 모습에 영향을 받아 한자리에 머물지 않고 끊임없이 배움을 위한 노력을 하게 된다."

부모여, 소년처럼 꿈과 야망을 가질 준비가 되었는가?

소년과 같은 마음으로 남은 미래를 위한 새로운 꿈을 꾸자. 그리고 꿈을 실현하기 위해 온 힘을 다해 전력 질주하라. 자녀 역시 당신을 따라 열심히 달리기 시작할 것이다.

6장

보다 나은
부모 자녀 관계를
위하여

1. 자녀의 놀이문화를 이해하라 | 187

2. 자녀에게 공부를 강요하지 마라 | 192

3. 자녀가 공부를 해야 하는 이유는 무엇인가 | 196

4. 사교육은 자녀와 합의하에 결정하라 | 201

5. 자녀를 믿어라 | 204

6. 게임 이름만 알아도 90점이다 | 209

7. 관계의 시작은 부모부터 시작하자 | 213

8. 자녀의 장점을 찾아 칭찬하자 | 216

시뮬레이션(Simulation) 게임

현실의 자연법칙에 근거하여 입력된 키 값에 의해 도출된 결과 값을 통해 재미를 느끼는 게임이다. 전쟁, 도시 건설, 비행, 육성 시뮬레이션 게임 등이 있으며, 진행 방식에 따라 턴(turn) 방식과 실시간 방식으로 나눌 수 있다. 턴 방식의 시뮬레이션 게임으로는 코에이 사의 <삼국지>, 실시간 시뮬레이션(RTS) 게임으로는 블리자드(Blizzard)의 <스타크래프트>(StarCraft), 육성 시뮬레이션으로는 <프린세스 메이커>(Princess Maker), 건설 시뮬레이션으로는 <심시티>(Simcity), 전략 시뮬레이션 게임으로는 <에이지 오브 엠파이어>(Age of Empire) 등이 있다.

1. 자녀의 놀이문화를 이해하라

부모는 자녀를 양육해야 할 책임과 의무가 있다. 자녀가 좋아하는 것, 싫어하는 것은 물론이고 어떤 친구를 만나는지, 표정에 생기가 넘치는지 등 자녀의 표정과 행동을 유심히 살펴야 한다. 자녀와의 대화를 통해 자녀의 고민을 들어주고 이해해야 한다.

자녀 세대의 문화를 이해하는 것은 매우 중요하다. 부모세대와는 다르게 자녀세대는 연필보다 키보드와 스마트폰을 편하게 생각한다. 미디어기기를 통해 친구들과 소통한다. 스마트폰으로 좋아하는 이성에게 사랑 고백을 하기도 한다. 부모 세대에는 펜으로 한 글자, 한 글자 조심스럽게 편지를 써서 사랑 고백을 했다. 편지를 쓰다가 마음에 들지 않으면 종이를 꾸깃꾸깃 뭉쳐서 휴지통에 버렸다. 편지가 제대로 전해졌는지 걱정하고, 답장을 기다리며 며칠 밤을 설레는 마음으로 하얗게 지새우기도 했다.

그러나 지금은 짧은 시간에 하고자 하는 말을 간략하게 전할 수 있다. 상대방이 메시지를 읽었는지 안 읽었는지도 금방 알 수 있다. 미디어 기기와 함께 성장한 자녀 입장에서 보면 이 모든 현상이 당연한 일인 것이다. 하지만 아날로그 감성이 남아있는 부모 입장에서 보면 뭔가 안타까운 마음이 들 수도 있다.

그렇지만 어떻게 할 것인가. 이것이 자녀 세대의 문화이며 그들이 소통하는 방식이다. 자녀 세대의 문화를 부모의 시선으로 바라보며 안타까워 하지 말자. 자녀 세대의 문화를 하나씩 이해함으로써 자녀에게 좀 더 가까이 다가간다고 생각하면 마음이 편할 것이다. 게임에 대한 이해는 자녀를 이해하기 위한 첫걸음이다. 게임은 자녀 세대의 공통적인 관심사이며 그들을 대표하는 문화 콘텐츠가 되었다.

게임을 하는 자녀를 야단치고 나무라는 것은 고루한 부모의 생각을 자녀에게 들키는 것과 같다. 필자가 어릴 때만 해도 게임을 하면 무언가 나쁜 짓을 하는 것 같은 느낌이 상당히 강했다. 사회 정서 또한 게임에 대해 부정적이었다. 오락실은 담배 연기가 자욱해서 건강에 좋지 않을뿐더러 동네에서 비행을 일삼는 불량한 사람들이 모이는 장소로 인식되었다.

하지만 지금은 다르다. 오락실은 사랑하는 연인들의 데이트 장소로도 훌륭한 곳이다. 함께 농구공 던지기 놀이를 하고, 함께할 수 있는 게임을 하며 승부를 겨루기도 한다. 다양한 게임을 하면서 서로 새로운 모습을 발견하고 웃고 즐긴다. 오락실 안에 설치되어 있는 간이 노래방 부스에 들어가서 노래를 부르기도 한다. 법률로써 오락실 환경기준이 명시되어 있다. 조명은 환해졌고 지저분한 환경은 깨끗해졌다. 이제 PC방에서는 담배를 피우지 못하는 법안이 통과됐다. 우리나라 모든 PC방은 금연 구역이 되었다. 담배를 피기 위해서는 지정된 흡연 장소로 이동해야 한다. PC방 하면 자연스럽게 따라오는 담배 연기와 컵라면은 옛날이야기가 됐다. 청소년들이 자주 찾는 놀이터이자 남녀노소 누구나 찾아가는 공공장소이다.

PC방 영업소 간의 경쟁도 치열해서 컴퓨터 사양은 물론 책상, 의자, 인테리어가 고급스러워졌고, 깨끗한 환경과 신선한 공기 유지는 사업 기본이 되었다. 식당에서나 나올 법한 음식을 PC방에서 제공하기도 한다. 지금도 수많은 아이들이 천 원짜리 지폐를 들고 PC방을 들락날락하고 있다. 자녀 입장에서 보면 적은 비용을 들여서 가장 즐겁게 즐길 수 있는 놀이문화가 게임이다.

자녀가 게임을 즐기는 것을 당연한 현상이라고 생각하고 바라보자. 시간이 지나면 국가에서 게임을 장려하는 시대가 올지도 모른다.

　필자는 부모와 자녀가 같은 게임을 하면서 웃고 즐기고, 게임을 주제로 대화를 이어나가고, 함께 게임 박람회나 e스포츠 경기장을 찾아가는 상상을 하면 기분이 좋아지고 입가에는 미소가 번진다. 자녀의 놀이문화를 이해하면 지금이라도 충분히 가능한 일이다.

　당신은 자녀를 이해할 준비가 되었는가?

2. 자녀에게 공부를 강요하지 마라

평소 자녀에 대하여 부모의 입장에서 했었던 생각들을 곰곰이 돌아보자. 그리고 현재 자녀에게 무엇을 기대하고 있는지 생각해보자.

자녀가 단순히 건강하게 자라기만을 바라는가?

아이가 태어나기 전에는 대부분 다음과 같이 생각한다. 엄마 뱃속에서 건강하게만 세상에 나오기를 바란다. 생명의 신비를 경험하며 조금씩 커가는 자녀의 모습을 보며 감동을 느꼈을 것이다. 출산의 순간, 기쁨의 눈물을 흘리고 이대로 건강하게만 자라주면 세상에 바랄 게 하나도 없었을 때가 있지 않았는가.

지금도 자녀가 건강하게 자라주기만을 바라는가?

아마 아닐 것이다. 자녀가 남들보다 모든 면에서 앞서고, 똑똑하고, 명민하기를 바라지는 않는가. 부모의 이런 변화에는 공통점이 있다. 모든 부모는 자녀가 공부를 잘해서 시험 성적을 잘 받아오기를 원한다. 사람마다 정도의 차이가 있고 기대치가 조금씩 다를 뿐이다. 어떤 부모는 자녀가 반에서 1등을 하지 못하면 참지못하고 자녀를 혼낼 수도 있고, 어떤 부모는 반에서 중간만 해도 다행이라고 생각할 수도 있다. 현 우리나라 교육은 시험을 통해 아이들을 성적순으로 평가하고 재단하여 쪽 정렬시킨다. 부모는 자녀의 성적이 기대치에 미치지 못하면 낙담하고 괴로워 한다.

왜 우리나라 사회와 가정은 이토록 자녀의 성적에 신경을 쓰는 것일까?

자녀가 체육을 못한다고 걱정을 하는 부모는 많지 않다. 줄넘기를 못하고, 자전거를 못 타고, 달리기가 느리다고 해서 걱정하지는 않는다. 앞으로 살아가는 데 크게 중요한 일이 아니라고 생각하기 때문이다. 부모의 관심사는 오로지 자녀의 시험 성적과 전체 등수이다. 엄마 친구 아들은 1등을 했다느니, 그 집 자녀는 어떤 학원에 다니고 어떤 과외를 받는다느니, 이런 것들에 혹하면서 자녀보다 한 걸음 먼저 학원 정보를 파악하고 목표로 설정한 상급학교에 대하여 모든 연줄을 동원하여 알아본다. 선수는 몸도 풀고 있지 않은데 감독이 땀 흘리며 뛰고 있는 격이다.

역설적이게도 정말 자녀가 공부를 잘하기를 바란다면 공부만을 하도록 강요하지 말아야 한다. 강제적으로, 주입식으로 배운 공부는 그 순간에만 잠깐 남을 뿐이다. 시험 점수를 잘 받기 위해서 벼락치기 공부를 하고, 문제와 답을 달달 외우기에 바쁘다. 시험에 대비하여 조금이라도 더 시험에 나온다고 하는 부분을 암기한다면 다행히 시험 점수는 잘 나올지 모른다. 높은 등수의 성적표를 보고 마음의 안정을 취하는 데는 도움이 될지도 모르겠다. 하지만 이렇게 공부해서 과연 남는 것이 무엇일까?

시험이 끝나고 나면 언제 공부했냐는 양 다 잊어버리고, 다음에 다시 봤을 때 '내가 정말 이걸 공부했었던가?' 하는 의문을 품게 하는 교육, 그리고 이런 공부법으로 점수를 매겨 부모에게 성적을 자랑하고 안도하는 시스템, 부모는 자녀가 공부를 잘하는지 못하는지 오로지 성적표로 판단한다. '우리 아이가 공부를 참 잘하고 있구나. 왜냐하면 등수가 높으니까.'

필자는 경험상 이렇게 공부해서는 제대로 된 공부를 할 수 없다고 생각한다.

자녀가 명석하기를 바란다면 성적에 기대를 거는 공부보다는 어떤 공부를 할지 스스로 고민하고 왜 공부를 해야 하는지 그 이유를 찾게 해주는 것이 우선되어야 한다고 생각한다. 스스로 생각할 수 있도록 자녀를 유도해야 한다.

단순 암기식 교육이 아닌 '왜?'라는 의문을 품게끔 만들어주는 교육이 필요하다고 생각한다. 1 더하기 1이 2라는 정답을 외우게 하는 교육방식보다 '왜 1 더하기 1이 2가 되는지?', '1이라는 숫자와 2라는 숫자는 어떻게 생겨난 것인지?' '누가 어떤 논리로 그렇게 정했는지?' 이런 생각을 하는 자녀는 지금 당장은 성적이나 등수가 낮다고 하더라도 나중에는 그 누구도 범접할 수 없는 지혜로운 자녀가 될 거라고 확신한다. 자녀에게 시험 성적을 잘 받기 위한 공부를 강요하지 말고 스스로 사고할 수 있는 습관을 들일 수 있도록 도와주자.

3. 자녀가 공부를 해야 하는 이유는 무엇인가

공부를 해야 하는 이유는 무엇일까?

사람마다 공부를 하는 이유는 다양하다. 어떤 이는 공부가 즐거워서 하고 어떤 이는 성취감을 느끼기 위해 공부를 한다. 공통적으로는 가지고 있는 지식을 확장하고 정서적으로 보다 풍요로운 삶을 살기 위해서일 것이다.

모르는 것을 알고자 하는 행동은 인간의 본성이다. 호기심이 생기면 궁금증이 생기고 궁금증을 알아가며 해결하는 과정에서 묘한 쾌감을 느낀다. 모르는 것을 붙잡고 한동안 씨름을 하다가 그 문제가 해결이 되었을 때 느끼는 스릴을 누구나 한 번쯤은 경험해보지 않았는가.

부모가 자녀에게 공부를 하라고 채근하는 이유는 자녀가 좋은 직장에 취직해서 안정적으로 많은 돈을 벌었으면 하는 마음에서다. 자녀는 부모의 기대에 부응하고자 노력한다. 사회적으로 인정받는 직업을 가지고 남들보다 앞서는 삶을 살기 위해 오늘도 공부를 하고 있다. 본인의 정체성을 증명하기 위한 유일한 수단이 공부와 성적이 되어버린 느낌마저 든다. 물론 이러한 생각이 잘못됐다는 것은 아니다. 현대 자본주의 사회에서 돈이 없으면 사람답게 살아갈 수 없다. 돈이 없으면 자신감이 떨어지고 제대로 된 삶을 영위하기 어렵다. 돈을 벌기 위해서는 다양한 지식을 습득하고 적절하게 활용할 수 있는 능력이 있어야 한다. 이런 능력을 배양하기 위한 목적으로 공부를 하는 것이다.

　하지만 최근에는 주객이 전도된 것 같은 느낌이 든다. 공부를 함으로써 부가 자연스럽게 따라오는 게 아니라 마치 부를 위해 공부를 하는 것 같다. 돈을 벌기 위해 공부를 하면서, 공부를 하기 위해 사교육에 더 많은 돈을 써버리는 아이러니한 상황마저 연출되고 있다. 초·중·고등학교 학비부터 시작해서 수많은 학원, 과외 등 사교육으로 들어가는 비용은 만만치 않다. 미래를 위한 투자라고 생각하는 사람도 있다. 그렇지만 과연 투자 대비 수익률을 생각해봤을 때 합리적인 선택이라고 할 수 있을까?

　자녀가 투자한 비용만큼, 아니 그 이상을 얻으면서 학원에 다니고

과외를 받고 있을까?

자녀가 학원에서 무슨 생각을 하는지는 전혀 관심도 가지지 않은 채 무작정 학원으로 떠밀고 있지는 않은가. 차라리 그 돈을 모아서 나중에 자녀에게 더 중요한 무언가를 해줄 수 있는 방법은 없을까? 예를 들어 가족이 다 함께 해외여행을 떠나서 소중한 추억을 쌓으며 견문을 넓혀주거나 자녀가 진정으로 하고자 하는 일이 생겼을 때 지원을 해줄 수는 없을까?

요점은 자녀가 공부를 해야 하는 이유도 모르는 채 공부를 한다면 부모가 기대하는 그 무엇을 얻기는 어렵다는 것이다. 자녀가 무엇을 하든지 스스로 생각할 수 있어야 한다. 부모가 아무리 목에 핏대를 세워가며 공부를 하라고 노래를 불러도 자녀에게 공부를 할 생각이 없으면 소귀에 경 읽기다.

공부 좀 그만하고 쉬라고 해도 공부를 해야겠다는 마음을 가지고 있으면 어떤 환경에서도 공부를 한다. 밥을 먹으면서도 공부 생각을 하고, 심지어 화장실에서 볼일을 보면서도 책을 읽는다. 사람은 누구나 똑같다. 자기가 하고 싶은 일이 있으면 누가 말려도 뿌리치고 한다. "이게 다 너를 위해서야", "나중에 자라면 엄마가 한 말을 다 이해할 거야"라며 납득하기 어려운 말로 자녀를 공부만 하도록 압박하고 있지 않은가? 혹시 자녀의 성적을 보고 만족을 느끼기 위해서 공부를 시키고 있지는 않는가?

　나는 중학생 때부터 프로게이머가 되기 위해 게임에 깊이 빠져있었다. 프로게이머가 되기 위해서는 누구보다 게임을 잘해야 했고, 이를 위해 많은 시간 게임 연습을 해야 했다. 설렁설렁 게임을 하는 게 아니라 온 정신을 집중해서 게임을 해야 상대에게 겨우 이길 수 있었다. 게임 대회에 참가하기 위해서 야간자율학습을 빼먹기도 하고 부모님께 말씀드리지 않고 몰래 조퇴를 하기도 했다. 그래도 수학능력시험을 잘 치렀고 대학에 입학했다. 수업시간에는 최대한 선생님의 말씀에 집중했기 때문이다. 어차피 학교에서 게임 생각을 해봤자 게임을 할 수 있는 것도 아닐뿐더러 친구들과 함께 공부하는 것은 여러모로 의미가 있었기 때문이었다.

　프로게이머를 지망할 정도로 게임을 오래 한다고 해도 본인의 의

지에 따라서 공부도 충분히 할 수 있다.

중요한 것은 어떻게 자녀 스스로 무언가를 해야겠다는 생각을 할 수 있게 만들어주느냐이다. 선생님이나 친구에게 영향을 받아서 공부를 할 수도 있겠지만 시작은 부모여야 한다. 부모가 자녀에게 공부를 해야 하는 목적을 생각할 수 있도록 충분한 여유와 기회를 주어야 한다. 주변의 상황에 휩쓸려 어쩔 수 없이 자녀에게 공부를 시키지 않았으면 좋겠다. 이왕 해야 하는 공부라면 스스로 즐겁게 할 수 있으면 금상첨화가 아닐까?

4. 사교육은 자녀와 합의하에 결정하라

　자녀를 학원에 보내야 할지 말아야 할지 고민하는 부모가 많다. 그러나 이 문제는 부모가 독단적으로 정할 일이 아니다. 학원에 가서 공부를 하는 당사자는 자녀 본인이다. 공부는 자녀가 하는데 학원에 가야 할지, 말아야 할지를 부모가 선택하고 결정하는 것은 뭔가 이상하지 않은가.

　나는 초등학생 때, 학원을 참 많이 다녔다. 속셈 학원, 피아노 학원, 컴퓨터 학원, 미술 학원, 서예 학원 등 학원이란 학원은 다 다녀보았다. 태권도 도장을 빼고는 이것저것 다 조금씩 해본 것 같다. 지금 생각해보면 '부모님께서 이렇게 많은 학원에 보내주었구나' 하는 생각에 감사한 마음이 들기도 한다. 하지만 내가 원해서 학원에 간 것은 아니었다. 맞벌이를 하는 부모님은 어린 나를 돌볼 시간이 부족했다. 내가 집에 혼자 있는 것보다 학원에 다니면서 다양한 경험을 할 수 있도록 해준 것이다. 시간이 훌쩍 지난 지금 생각해보면 학원에서 무엇을 배웠는지 잘 기억나지 않는다. 그 모든 배움이 나의 삶 어딘가에는 스며들어 있겠지만 단편적인 기억으로 그때의 분위기와 추억이 조금씩 생각날 뿐이다. 속셈학원에서는 '빨갱이'라는 별명이 붙었다. 당시 속셈학원에서는 수업이 끝나면 연습문제가 주어졌는데, 연습문제를 다 풀어야만 집에 갈 수 있었다. 나는 다른 친구들보다 연습문제를 빨리 풀었기 때문에 빨갱이라고 불렸다. 당시에 빨갱이가 이렇게 부정적인 단어인지는 전혀 몰랐다.

하지만 컴퓨터 학원에서 있었던 일들은 아직도 생생하게 기억난다. 컴퓨터를 부팅하기 위해 5.25인치 디스켓을 넣은 일, 학원 수업이 끝나도 타자 연습을 하기 위해 남아서 키보드를 두드렸던 일, 워드프로세서 자격증을 취득하기 위해서 공부했던 일들이 떠오른다. 컴퓨터 학원의 기억이 다른 학원의 기억보다 오래 남은 이유는 내가 유일하게 가고 싶었던 학원이 컴퓨터 학원이었기 때문이다. 다른 학원은 무거운 발걸음으로 향했지만 컴퓨터 학원에는 가벼운 발걸음으로 뛰어갔다. 나는 다른 학원은 다 그만두었지만 컴퓨터 학원은 중학교 3학년 때까지 계속 다녔다.

자녀에게 다양한 체험을 할 수 있도록 배려해주는 것은 좋은 일이다. 하지만 자녀가 원하지도 않는데 이 학원, 저 학원으로 자녀를 내모는 것은 잘못됐다고 생각한다. 자녀를 위하는 것처럼 보이지만 실제로는 자녀를 괴롭히는 것이나 마찬가지다. 하고 싶지 않은 일을 할 때는 능률이 오르지 않는다. 공부할 준비가 되어 있지 않았는데 억지로 공부를 시킨다고 공부가 잘될 리가 없다. 학교에서 배우는 것도 다 소화하지 못한 상태에서 학원에 가면 선생님의 강의 속도를 따라가지 못해 빨리 수업 시간이 끝나기만을 바랄 뿐이다. 이미 너무 많이 먹어서 배가 가득 찼는데 억지로 더 먹으면 속이 부대낀다. 속도 버리고 마음도 버리게 된다.

자녀를 정말 학원에 보내고 싶다면 자녀 스스로 학원에 가고 싶다는 말이 나올 수 있도록 여러 가지 예체능에 관심을 갖게 해주어야 한다. 자녀가 "엄마, 아빠 나 학원 보내줘"라는 말이 나오지 않는 이상 강제로 학원에 보내지 말자. 자녀가 어떤 행위를 하든지 처음부터 자녀가 스스로 결정하고 판단할 수 있도록 해야 한다. 만약 맞벌이 가정이라면 집에 자녀 혼자 있는 시간이 걱정될 수도 있다. 어쩔 수 없이 자녀를 학원에 보내야 하는 상황이라면 반드시 자녀를 이해시키고 동의를 구하자. 그리고 자녀가 하고 싶은 것을 선택하고 즐길 수 있도록 배려해주자.

5. 자녀를 믿어라

지금도 수많은 아이들이 사교육의 열풍에 휩쓸리고 있는 이유는 무엇일까? 왜 부모들은 자녀에게 스스로 생각할 시간을 주지 않고 여러 학원으로 보내는 것일까?

이는 불안감 때문이다. 학부모 모임에 나가면 부모들은 자녀 양육에 대한 이야기를 한다. "어느 학원에 보냈더니 수학 성적이 오르더라.", "요즘에는 선행학습은 기본이다." 이런 대화를 주고받다 보면 이내 마음이 불안해진다. 자녀의 경쟁자들은 이렇게 열심히 공부를 하고 있고, 좋은 대학에 입학하기 위해 준비하고 있는데 내 자녀만 뒤처지는 것처럼 느껴진다. 그리고 마음이 바빠진다. 옆집 학부모가 하는 것처럼, 엄친아의 엄마가 하는 것처럼 그렇게 자녀를 학원에 보낸다. 그리고 더 좋은 학원이 없는지 알아본다.

부모의 입장에서는 자녀가 누구보다 잘되기를 바라고, 남들보다 부족하지 않기를 염원하는 것은 당연하다.

하지만 나는 단언한다. 남들과 똑같은 방법으로 자녀에게 공부를 강요해봤자 남들보다 앞서는 아이는 될 수 없을 것이다. 남들보다 특별하고 우수한 아이로 키우고 싶으면 남들과 다른 교육을 해야 한다. 매사에 자신감이 있고, 리더십이 넘쳐서 사람들을 이끌 줄 알며, 주변 사람의 마음을 배려할 줄 아는 자녀로 만들기 위해서는 어떻게 해야 할까?

나는 자녀 스스로 생각하고 성장할 수 있는 기회를 주어야 한다고 생각한다. 그러기 위해서는 자녀를 믿어야 한다.

SBS 스페셜 <부모 vs 학부모>에는 부모가 자녀를 믿는 것이 얼마나 중요한지 생각해볼 수 있는 사례가 제시되었다.

서울대학교에 재학 중인 M군의 이야기가 특히 인상적이었다.

M군은 중학교 3학년 때, 게임에 빠진 나머지 학교를 마치면 PC방으로 가서 밤 10시까지 게임을 했다. 미성년자가 PC방에서 있을 수 있는 시간이 10시까지였기 때문이다. M군의 어머니는 M군이 PC방에 출입하며 게임을 하느라 성적은 떨어질 대로 떨어졌다고 했다. 하지만 M군에게 잔소리를 하지 않고 도서관에 있는 책을 읽은 후에 집에 가지고 왔다고 한다. 게임에 빠진 M군이 책을 읽을 리가 만무

했다. 그래도 M군의 어머니는 계속해서 M군이 보는 앞에서 책을 읽고 아들의 방 근처에 두었다. M군은 우연히 어머니가 둔 책을 읽으며 자연스럽게 게임에서 빠져나왔다고 한다. 그리고 서울대학교에 우수한 성적으로 입학했다. M군에 대한 애정은 그대로 유지한 채 M군을 믿은 결과다. M군 이외에도 많은 서울대학교 학생들은 자신이 게임을 하더라도 부모님이 자신을 믿고 자유롭게 해주었다고 술회했다.

자녀를 진심으로 믿어야만 자녀의 행동과 성적의 변화에 동요하지 않고 편안하게 기다리고 지지해줄 수 있다. 자녀가 게임에 빠졌다고 느껴지더라도 자녀를 믿어야 한다. 게임에 빠진 자녀에게 게임을 못하게 한다고 해서 나아지는 것은 별로 없다. 어차피 억지로 공부해서는 머릿속에 남는 것도 없을뿐더러 부모에게 보여주기 위한 공부를 강요받게 된다. 그럴수록 부모도 힘이 들긴 마찬가지다. 자녀를 책상 앞에 앉히고 책을 펼치게 하는 데에는 점점 더 많은 에너지가 소요된다. 이렇게 감정을 소모하고 시간을 낭비하지 말고 자녀를 믿고 자녀가 하고 싶은 대로 할 수 있도록 허용해주면 어떨까?

주식 투자를 예로 들어보자.

투자자는 주식을 구입하기 전에 투자할 기업에 대해서 자세하게 공부한다. 그리고 신중하게 투자할 기업을 선택한다. 물론 회사의 규모와 인지도를 확인한 후, 특별한 고민 없이 투자를 하는 사람들도 있겠지만 투자자는 어느 기업에 얼마를 투자할지를 최종 결정한 다음 주식을 매입한다.

주식을 매입한 순간부터 투자자가 해야 할 일은 주가가 목표가에 다다를 때까지 마음 편히 기다리는 일이다. 투자한 기업에 계속 관심을 가지되 하루하루의 주가 등락폭에 흔들리지 말고 주관을 가지고 기다려야 한다. 어떤 사람은 주가가 오른 날에는 휘파람을 불고, 떨어진 날에는 죽을상을 짓는다. 시시때때로 주식을 검색하는 탓에 본업을 제대로 하지 못하는 사람도 있다. 누가 자기를 보고 있는지도 모르는 채 빨간색과 파란색이 넘나드는 화면에 갇혀버린다.

하지만 진정한 투자자는 주가의 작은 변동에 요동하지 않는다. 자신이 투자한 기업에 대해서 확실한 믿음을 가지고 주식을 매입했다면 믿고 기다리는 시간이 필요하다.

하루하루 주가 등락폭에 온 신경을 곤두세우고 자기 할 일조차 제대로 못하는 투자자처럼 자녀를 교육할 것인가? 아니면 장기적으로 주가가 오를 것이라는 확신을 가지고 굳건하게 기다릴 줄 아는 투자자처럼 자녀를 교육할 것인가?

혹자는 이렇게 생각할지도 모르겠다. '자녀를 믿고 기다렸는데 자녀가 잘못된 길로 빠지면 어떻게 하느냐.', '못된 친구들과 어울리며 암흑 속에서 나오지 못하면 어떻게 하느냐.'라고. 이런 걱정은 하지 않아도 된다. 부모가 자녀를 믿고 사랑한다면 자녀도 부모를 사랑하게 된다. 자녀가 부모를 사랑한다면 애써 애원하지 않아도 부모가 바라는 대로 생활한다. 가끔 방황할 수도 있다. 그러나 결국 중심을 지키는 자녀의 모습을 볼 수 있을 것이다.

6. 게임 이름만 알아도 90점이다

    부모가 바뀌어야 가정의 평화가 지켜질 수 있다. 자녀가 좋아하는 일에 관심을 기울이자. 자녀가 야구를 좋아한다면 기본적인 야구 규칙과 국내외 유명 투수와 타자들은 알아두어야 한다. 자녀가 음악을 좋아한다면 어떤 장르의 음악을 좋아하는지, 어떤 악기를 좋아하는지 알아야 한다. 마찬가지로 자녀가 게임을 좋아한다면 요즘 어떤 게임이 유행하는지 자녀가 지금 하고 있는 게임은 무엇인지 알아야 한다.

    게임을 잘 모르는 부모라면 게임이 낯설게 느껴지는 것이 당연하다. 하지만 마음만 먹으면 누구나 게임을 배우고 익힐 수 있다. 부모도 게임을 공부할 수 있고 즐거운 게임의 세계를 경험할 수 있다. 간단한 것부터 차례대로 시작하면 된다. 자녀가 무슨 게임을 하고 있는지 게임 이름만 알아도 자녀와의 소통점수 90점은 따고 들어갈 수 있다. 발음하기 어렵고 거부감이 드는 게임의 이름에 익숙해지는 것부터 시작해서 게임을 플레이하는 것에도 도전해보자. 게임용어는 생소할 것이다. 무엇을 어떻게 해야 할지 정신이 없을 것이다. 게임을 하는 게 익숙하지 않은데 어려운 게 당연하다. 자녀와 30년의 세월을 뛰어넘어 자녀 세대의 문화를 체험하는 일이 쉬울 리가 없다. 하지만 조금씩 노력하다 보면 자녀와 더불어 앞으로 나아갈 수 있다.

게임을 잘하지 않아도 된다. 오히려 못하는 게 낫다. 자녀에게 게임을 어떻게 해야 배울 수 있는지 물어보면 자녀는 신이 나서 친절하게 가르쳐줄 것이다. 그렇게 함께 게임을 하는 과정에서 서로의 유대감이 생긴다. 자녀는 자신과 소통하려는 부모의 마음을 안다. 그리고 부모를 존중하고 따르게 된다. 또한 자랑스럽게 자신의 부모님을 친구들에게 자랑할 것이다. 자녀의 자존감은 수직 상승하고 부모의 말에 점점 귀 기울이게 된다.

부모 입장에서는 회사에서 상사에게 치이고, 거래처에 고개를 숙이고 싫은 소리를 감내하느라 마음에 여유가 없을 것이다. 주말이 되면 지친 몸을 쉬고 싶을 것이다. 회사일뿐만 아니라 여러 가지 가정사를 돌보다 보면 몸이 여러 개라도 부족할 지경이다. 이런 현실의 어려운 여건에서 게임을 배워야겠다는 생각 자체를 하기가 쉽지 않을 것이다. 하지만 자녀를 진정으로 사랑한다면 자녀의 마음을 이해하겠다는 생각으로 힘들어도 게임을 배워보자.

게임에서 주로 사용되고 있는 용어는 어느 정도 노력으로 쉽게 숙지할 수 있다. 부모 입장에서 보면 게임 용어는 생소하기 그지없을 것이다. 또한 게임마다 통용되는 용어를 유저들은 최대한 짧게 줄여서 사용한다. 게임을 하고 있는 도중에 채팅할 시간을 조금이라도 절약하고 소통을 보다 효율적으로 하기 위해서이지만 처음 배우는 사람에게는 헷갈릴 수 있다. 예를 들면 '빠른 대전'을 '빠대'로, 게임 상에서 반복적인 작업을 하는 것을 '노가다'로, 팀을 이끌어 승리에 기여하면 '캐리'했다고 한다.

인터넷에서 게임 용어를 검색해보면 관련된 게임 용어들이 쭉 나올 것이다. 처음에는 새로운 단어에 덜컥 겁이 나지만 계속 보다 보면 익숙해진다. 자녀들이 이해하는 것을 부모가 이해한다면 서로 간에 긴밀한 소통의 통로가 구축된 것이다. 중요한 것은 자녀에 대한 관심이고 게임에 대한 관심이다.

문화는 변한다. 지금은 컴퓨터, 스마트폰으로 게임을 하는 것이 자녀 세대의 문화이지만 앞으로 어떤 새로운 문물이 나타나서 또 다른 문화를 만들지 모른다. 그럼에도 걱정할 필요가 없다. 모르는 것은 자녀에게 물어보고 자녀를 선생님처럼 여기면 된다. 부모가 관심을 보이면 자녀는 언제든지 부모에게 다가와서 가르쳐줄 준비가 되어 있다. 자녀를 사랑하고 자녀와 같은 눈으로 세상을 바라볼 수 있는 마음만 있으면 준비 끝이다.

7. 관계의 시작은 부모부터 시작하자

　부모와 자녀 관계의 시작은 부모의 사랑과 이해가 우선되어야 한다. 자녀가 이 세상에 태어난 것은 기적과 같은 일이다. 부모는 오랜 대화 끝에 자녀 계획을 세우고, 뜨거운 사랑을 통해 자녀에게 환한 빛을 보여주었다. 부모는 자녀가 태어난 순간부터 모든 것을 먼저 챙겨준다. 입혀주고, 재워주고, 먹여준다. 아이가 조금만 아파도 건강에 이상이 없는지 확인하기 위해 다급히 병원을 찾는다.

　부모는 자녀에게 어떤 음식을 먹일지 고민하고, 어떤 옷을 입히면 예쁠지 상상한다. 모든 것은 부모가 정하는 대로 구성되고 이루어진다. 부모는 자녀가 성인이 되기 전까지 상호관계를 주도한다. 부모가 자녀를 리드하고 양육하는 것은 부모의 의무다.

자녀가 게임에 빠져있을 때 어떤 행동을 취할지는 부모의 자유다. 예를 들어 부모가 분을 참지못하고 자녀를 호되게 혼냈다고 하자. 이러한 행동은 자녀에게 말로 공격을 가한 것과 마찬가지다. 공격을 받은 자녀는 수비적으로 변하게 되거나 공격에 맞서기 위해 다른 공격을 준비하게 된다. 부모가 자녀를 혼내는 방법을 선택했기 때문에 자녀가 그에 대응하는 반응을 보이는 것이다. 쉽게 말해서 부모가 어떤 선택을 하느냐에 따라서 자녀의 행동이 달라진다.

자녀에게 아무런 관심을 보이지도 않으면서 '우리 아이가 예쁜 짓을 하면 참 좋을 텐데.', '옆집 아이는 그렇게 착하다던데 우리 아이도 옆집 아이를 조금만 닮으면 얼마나 좋을까.', '자녀가 먼저 부모의 마음을 이해하고 순종하면 얼마나 좋을까' 이렇게 바라는 것은 안일한 생각이다. 자녀는 오랜 세월 함께한 친한 친구 사이나 직장에서 수년간 동등한 입장에서 일을 함께한 사이가 아니다.

자녀가 먼저 부모를 이해하고 관계를 리드해주기를 바라지 말자. 자녀에게 먼저 관심을 가지고 칭찬을 해주자. 맛있는 음식을 만들어주고 자녀를 위해 노력한다는 것을 자녀가 느낄 수 있도록 해야 한다. 자녀가 먼저 예쁜 짓을 하기를 바라지 말고 부모가 먼저 자녀를 배려하는 마음을 가져야 한다. 자녀에게 바라는 점이 있다면 부모가 먼저 자녀에게 바라는 마음을 행동으로 보여주어야 한다.

'닭이 먼저냐 달걀이 먼저냐'라는 말이 있다. 닭과 달걀 중에 어느 것이 먼저인지 논리적으로 밝히고 싶은데 헷갈리는 경우에 사용한다. 이 말을 살짝 바꿔보자. 닭은 부모로 달걀은 자녀로 단어를 바꾸면 '부모가 먼저냐 자녀가 먼저냐' 가 된다. 부모가 먼저일까? 자녀가 먼저일까? 나는 어떠한 상황에서도 부모가 먼저라고 생각한다. 모든 관계의 시작은 부모의 마음으로부터 자녀의 마음에 향해야 한다. 그래야 자녀가 부모를 따르고 부모를 사랑하게 된다. 자녀에게 먼저 마음의 손길을 내밀어보자.

8. 자녀의 장점을 찾아 칭찬하자

≪칭찬은 고래도 춤추게 한다≫라는 책은 선풍적인 인기를 구가하고, 칭찬 신드롬을 불러일으켰던 베스트셀러다. 책의 제목처럼 칭찬에는 육중한 고래를 새처럼 춤출 수 있게 만드는 강력한 힘이 있다는 것을 표현한 책인데 남에 대한 칭찬에 인색한 우리나라 사람들에게 큰 울림을 주었다. 칭찬의 긍정적인 효과에 대해서는 누구나 공감할 것이다. 하지만 실제 생활에서 칭찬하기란 쉽지 않다.

우리는 남을 진심으로 인정하고 칭찬하는 문화에 익숙하지 않다. 우리는 자라오면서 잘못한 일에는 혹독하게 야단맞지만 잘한 일에 칭찬받는 경우는 별로 없었다. 잘하는 것은 당연한 것으로 인식되고 못하는 것은 잘못된 것처럼 느껴지기도 한다. "잘했다", "수고했다"

라는 말이 칭찬의 전부다. 혼날 때는 10분이고, 20분이고, 한 시간도 혼날 수 있지만 잘했을 때는 칭찬에 대한 시간도 짧고 인색하다. 칭찬을 하려고 하면 왠지 모르게 쑥스럽고 겸연쩍다. 칭찬을 하기 위해서는 사과를 할 때 못지않은 용기가 필요하다.

당신은 어떤가? 자녀의 성적표를 보고 점수가 낮은 과목을 날카로운 매의 눈으로 찾아내지 않는가? 점수가 높은 과목보다 점수가 낮은 과목부터 눈에 확 들어오지 않았는가?

"우와, 이번에 국어 시험을 상당히 잘 봤구나. 우리 아들이 언제부터 국어를 이렇게 잘했지?"라고 하기보다는 "이번에 영어 점수가 왜 이러니, 학원에서 영어를 중점적으로 공부했잖아?", "옆 동네 누구 아들은 만점이라던데, 너는 도대체 뭐가 문제라서 그 아이처럼 못하니"라고 다그치며 깊은 한숨을 쉬지 않았는가. 한숨은 부모의 입에서 나와 자녀의 마음에 화살처럼 꽂힌다. 앞서 언급했지만 성적에 만족을 느끼기 위해서는 자녀가 매번 만점을 받아오는 수밖에 없다.

진정한 교육은 자녀의 가능성과 잠재력을 알아보고 그것을 배양하는데 초점을 맞추어야 한다. 자녀에게 자신감을 심어주고 자존감을 키워주어야 한다. 그러기 위해서는 자녀에게 수시로 칭찬을 해주어야 한다. 칭찬은 물리적인 비용이 하나도 들지 않으면서 가장 큰 효과를 내는 방법이다. 자녀의 부족한 부분을 찾으려고 하지 말고 뛰어난 부분을 찾아서 칭찬해주자.

평소에 잘 하지 않는 칭찬을 갑자기 하려면 어색할 수 있다. 천천히 조금씩 좋은 습관을 들인다는 마음으로 칭찬하는 것에 익숙해지도록 노력해 보자. 자녀의 행동을 자세하게 살펴보되 부정적인 부분은 가급적 긍정적으로 보려고 하고 항상 좋은 점을 먼저 보려고 노력해보자. 성적표를 봐도 잘한 과목을 먼저 보고 칭찬을 해주자. 혼날 줄 알았던 자녀가 도리어 칭찬을 받는 순간, 안도의 숨을 내쉬며 스스로 자각하여 부족한 과목을 보완할 것이다. 자녀는 부모를 따르기 시작하고 부족한 부분에 대한 지적과 충고도 스펀지처럼 흡수할 수 있는 마음이 생길 것이다.

필자의 어머니는 칭찬을 잘하시는 분이었다. 중학생, 고등학생 시절에 성적 때문에 혼난 기억은 별로 없다. 내가 공부를 잘 못했기 때문에 기대치가 낮았을 수도 있다. 하지만 칭찬은 참 많이 들었다. 성적이 좋은 과목이 있으면 잘했다고 하시며 활짝 웃어주었다. 바른 행동을 하면 좋은 행동을 했다며 칭찬을 해주셨다. 어머니는 내가 얼굴이 발개질 정도로 많은 칭찬을 해주었다. 이런 경험들 덕분에 자존감이 올라갔고 어머니의 칭찬과 격려 덕분인지 본격적으로 공부를 시작한 고등학교 3학년 수험생 때 성적은 속도를 내며 상승했다. 부정적인 성격도 점점 긍정적으로 바뀌었다. 어떤 현상을 보더라도 긍정적인 점을 먼저 보려고 노력했다.

모든 일에는 장점이 있으면 단점이 있고 밝은 면이 있으면 어두운 면이 있다. 장점과 밝은 면을 먼저 보는 마음가짐은 스트레스에 대한 내성을 쌓게 해주었고 얼굴 표정도 환하게 만들어주었다. 자연스럽게 인상이 좋다는 이야기를 많이 듣게 되었다. 사람을 대할 때에는 나도 모르게 웃는 얼굴로 대화를 하게 된다.

'나비효과'라는 말이 있다. 나비효과란 브라질에 있는 나비의 날개짓이 미국 텍사스에 돌풍을 일으킬 수 있다는 뜻의 용어다. 사소한 사건 하나가 결과에 커다란 영향을 미칠 수 있다는 의미로도 해석할 수 있다.

칭찬이라는 부모의 부드러운 날개짓이 자녀의 내면에 미치는 영향은 폭풍과도 같다. 친구나 선생님에게 듣는 칭찬도 자녀에게 울림을 주지만 부모에게 듣는 칭찬은 자녀에게 훨씬 더 크고 깊은 울림을 준다. 사소한 칭찬 하나가 자녀의 인생에 커다란 이정표가 되어 자녀의 영혼을 움직일 수 있다고 필자는 장담한다.

우리가 칭찬에 인색한 사회에서 살고 있다고 해서 자녀에게까지 그럴 필요는 없다. 오히려 자녀 세대에는 서로 칭찬해주고 격려해주는 문화가 자연스러워질 수 있도록 부모들이 먼저 솔선하여 실천해야 한다. 게임을 잘한다면 게임을 잘한다고 칭찬해주자. 운동을 잘한다면 운동을 잘한다고 칭찬해주자. 남들과 다르게 특이한 취미 활동을 열심히 해도 칭찬해주자. 칭찬을 해주기 위해서 안달난 사람처럼 칭찬거리를 발굴하고 환한 표정으로 마음껏 칭찬해주자.

부모의 칭찬에 자녀의 얼굴 표정은 밝아지고 매사에 자신감을 가지게 될 것이다. 칭찬을 듬뿍 받은 자녀는 주변 사람들에게도 칭찬을 베푸는 너그러운 사람으로 성장할 것이다. 그리고 부모를 진심으로 존경하고 따르는 자녀의 모습을 볼 수 있을 것이다.

7장
Q&A,
이런 경우에는
어떻게 해야 할까요

1. 질릴 정도로 게임을 많이 시키는 것은 어떨까요? | 225

2. 적당한 게임 시간은 어느 정도인가요? | 228

3. 자녀를 프로게이머로 밀어줄까요? | 231

4. 어떤 게임이 좋고 어떤 게임이 나쁜가요? | 234

5. 게임을 잘하면 게임 개발자가 될 수 있을까요? | 237

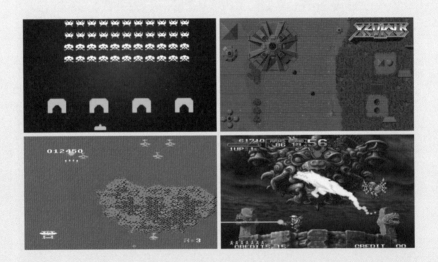

슈팅(Shooting) 게임

플레이어가 순발력을 이용하여 직접 총기를 쏘거나, 탱크나 비행기 등 전투용 탈 것(military vehicle)을 조작하여 상대방(적)을 총기로 공격하여, 섬멸하면서 스테이지를 하나씩 클리어하는 게임을 말한다. 이후 3D 기술이 도입되면서 1인칭 시점으로 하는 게임만을 1인칭 슈팅 게임(FPS) 장르로 구분하기도 한다. 슈팅 게임의 대표작으로는 <스페이스 인베이더>(Space Invader), <제비우스>(Xevious), <갤러그>(Galaga), <1942>, <메탈 슬러그>(Metal Slug), <라이덴>(Raiden) 등이 있다.

1. 질릴 정도로 게임을 많이 시키는 것은 어떨까요?

게임으로 인해 자녀와 실랑이를 벌이다 보면 가끔 이런 생각이 들기도 합니다. '그래, 그럼 네가 원하는 만큼 게임을 해봐라, 질릴 때까지 게임을 하다 보면 지쳐서 게임을 그만하겠지'. 그리고 자녀에게 애써 관심을 주지 않는척하며 게임을 하든지 말든지 내버려 둡니다.

자녀가 어느 순간 깨달음을 얻어서 '아, 이제 도저히 이렇게 살면 안 되겠다, 게임을 접고 공부에 전념해야겠다.'라고 생각하면 얼마나 좋을까요. 이렇듯 자녀가 하고 싶은 만큼 게임을 하고 스스로 잘못된 습관을 고친다면 이보다 좋은 일이 없을 것입니다. 하지만 언제나 좋은 방향으로 스스로 깨우치기는 쉽지 않은 일입니다. 왜냐하면 세상에는 재미있는 게임이 정말 많기 때문입니다. 일 년에 새로

출시되는 게임 수는 헤아리기 어려울 정도입니다. 지금 이 순간에도 새로운 게임이 개발되고 출시되고 있습니다. 하루에 하나의 게임을 한다고 가정해도 전체 게임 수의 1%도 즐기지 못합니다. 게다가 요즘 자녀들은 한 가지 게임만 하지 않습니다. 이 게임을 했다가 저 게임도 하고 컴퓨터로 게임을 했다가 스마트폰으로 게임을 합니다. 하나의 게임이 질렸다고 해서 책을 읽으러 가는 게 아니라 새로운 게임을 찾습니다. 그렇게 게임을 계속 찾아가며 새로운 재미를 추구합니다. 예전에는 윈도우에 설치되어있는 기본 게임만으로도 며칠을 즐겼습니다. 지뢰 찾기, 카드 게임, 프리셀 같은 기본 게임만으로도 충분히 번갈아가며 하루를 보냈습니다. 하물며 요즘같이 재미있는 게임이 쏟아지는 상황에서는 어떨까요?

자녀를 단순히 게임만 하도록 내버려 두는 것은 좋지 않은 방법이라고 생각합니다. 부모의 관심과 노력없이 자녀가 알아서 정신을 차리기를 바라는 셈입니다. 국민 게임 고스톱을 하다 보면 뒤집는 패가 항상 깔려있는 패와 같을 수는 없습니다. 모양이 맞을 때도 있고 맞지 않을 때도 있죠. 가끔 설사를 할 때도 있습니다. 부모의 노력 없이 자녀가 알아서 게임을 그만하고 공부하기를 바라는 것은 고스톱의 뒤집는 패가 항상 맞아떨어지기를 바라는 것과 유사합니다.

부모는 자녀가 게임을 할 수 있도록 허용하되 자녀 스스로 게임을 절제할 수 있도록 적절하게 개입하는 게 좋습니다. 자녀가 게임으로 인해서 다른 일상생활에 영향을 주면 좋지 않습니다. 그때 그때 상황에 맞는 행동을 할 수 있도록 조언은 필요합니다. 학교에서는 또렷한 눈으로 교사를 쳐다봐야 합니다. 해야 할 숙제가 있다면 집중해서 숙제를 해야 합니다. 기본적으로 자기가 할 일을 다 해 놓은 상태에서 게임을 마음껏 즐길 수 있는 분위기를 조성해야 합니다. 그래야 자녀는 공부도 집중해서 하고 게임도 눈치 보지 않고 할 수 있습니다. 중요한 것은 자녀와 꾸준히 소통하고 자녀의 말에 귀 기울여 주는 일입니다. 자녀가 왜 게임을 많이 하려고 하는지 이해하고 자녀의 속마음을 읽어야 합니다. 부모와 자녀 사이에 유대 관계를 굳건히 하는 게 우선입니다. 이 사실을 잊으면 안 됩니다.

2. 적당한 게임 시간은 어느 정도인가요?

 게임에 빠진 자녀를 유심히 살펴본 적이 있나요? 눈은 모니터를 뚫을 기세로 화면을 쳐다보고 양손은 마우스와 키보드를 조작하느라 쉴 틈 없이 움직입니다. 우리 아이에게 저렇게 놀라운 집중력과 순발력이 있었는지 감탄할 정도입니다. 공부를 저렇게 열심히 하면 좋겠는데, 부모의 마음처럼 따라주지 않는 게 자녀입니다.

그렇다면 적절한 게임 시간은 어느 정도일까요?

잠시 생각해봅시다. 얼마나 게임을 해야 괜찮은지는 사람마다 판단하는 기준이 다르니까요. 하루에 1시간, 하루에 2시간, 일주일에 3일, 오로지 주말에만 등 여러 가지 대답이 나올 수 있습니다.

이에 대해 많은 전문가들은 적당한 게임 시간에 대해 다양한 의견을 개진합니다. 다양한 의견이 있다는 말은 정해진 답이 없다는 것을 방증합니다. 적당한 게임 시간의 개념은 1 더하기 1은 2, 2 곱하기 2는 4와 같이 단 하나의 정답이 정해져 있지 않습니다. 그 이유는 사람마다 자기를 통제할 수 있는 능력이 다르기 때문입니다. 게임을 오래 해도 일상생활에 전혀 영향을 주지 않는 사람이 있는 반면, 조금만 게임을 해도 게임에 과몰입되는 사람도 있습니다. 똑같이 한 시간 동안 게임을 해도 어떤 이는 컴퓨터를 끄고 금세 책을 펼치지만 어떤 이는 게임 생각에 다른 일에 집중하지 못합니다.

제가 생각하기에 가장 적절한 게임 시간은 부모와 자녀 모두가 만족하는 시간입니다. 부모와 자녀의 성향에 따라서 게임 시간은 유동적으로 정해야 합니다. 중요한 것은 자녀의 참을성과 절제력을 서서히 길러주는 일입니다. 자녀와의 대화를 통해서 약속을 정하고 약속을 지켜나가면 됩니다. 남의 집 자녀와 비교할 필요는 없습니다. 자녀의 마음을 알아주는 부모는 자녀의 존경을 받고, 자녀는 부모를 따르게 됩니다. 자녀도 게임을 많이 하면 안 된다는 것을 잘 알고 있습니다. 부모가 독단적으로 게임 시간을 정하지 않고 자녀와 함께

정해나가는 게 중요합니다. 부모와 자녀 관계는 서로가 만들어가는 것이니까요.

자녀가 초등학생 때까지는 부모가 주도적으로 게임 시간을 정하고 중학생 이후부터는 자녀에게 조금씩 주도권을 넘겨주는 것을 권장해 드립니다. 초등학생 때까지는 부모의 방침에 자녀가 잘 따라옵니다. 하지만 자녀가 사춘기가 되면 합리적이지 않다고 판단되는 부모의 통제에는 스트레스를 받게 됩니다. 자녀에게 스스로 생각할 수 있는 힘과 권한을 부여해야 합니다. 그렇다고 해서 게임을 마음껏 하도록 권장하라는 말은 아닙니다. 어려서부터 컴퓨터, 스마트폰과 같은 기기에 무방비로 노출되는 것은 바람직한 현상이 아닙니다. 어릴 때는 책을 많이 읽고, 새로운 곳으로 여행을 가고, 다양한 예체능을 체험해보는 게 좋습니다. 자녀가 무엇을 좋아하고 흥미를 느끼는지 스스로 깨우칠 수 있도록 도와주는 게 좋습니다. 단지 자녀가 게임을 좋아하고 게임을 하겠다고 했을 때, 손사래를 치는 부모는 되지 않았으면 좋겠습니다. 우선 자녀의 마음을 이해하고 공감하는 게 먼저입니다. 이러한 이해를 바탕으로 게임 시간을 적당하게 정하면 좋겠습니다.

3. 자녀를 프로게이머로 밀어줄까요?

　자녀가 게임에 소질이 있고 재능이 뛰어나다면 프로게이머가 되고 싶어할 수도 있습니다. 프로게이머의 세계는 게임을 잘하는 사람들 중에서도 특출나게 잘하는 사람들이 모이는 곳입니다. 먼저 자녀의 게임 실력이 어느 정도 되는지 알아야 합니다. 게임 상에서 랭킹이 적어도 100등 안에 들지 않는다면 프로게이머가 되기는 어렵습니다. 정말 뛰어난 실력을 보유하고 있다면 프로게임단으로부터 입단 제의가 올 수도 있고 프로게이머가 되기 위한 기회를 잡을 수도 있습니다. 프로게이머를 목표로 하고 있으면, 실력을 키우기 위해서 게임을 할 시간이 더 많이 필요하게 됩니다. 경쟁하게 될 프로게이머들은 학교를 다니지 않고 하루 종일 게임에 집중하는 경우가 많습니다. 그들을 뛰어넘고자 한다면 그들보다 더 많이 연습을 하고 전략을 구상해야 하는 것은 지당한 일입니다. 하지만 저는 단호하게 말할 수 있습니다. 프로게이머를 하더라도 학업은 그만두면 안 됩니다. 적어도 고등학교는 졸업해야 하고 대학에 입학하면 더 좋습니다. 학교를 다니면서 게임을 하면 지금 활동하고 있는 프로게이머와 비교해서 연습량이 부족할 수밖에 없습니다. 하지만 보다 먼 미래를 내다본다면 학업을 포기하거나 자퇴를 해서는 안 됩니다. 게임에 재능이 있다면 학교를 다니면서도 충분히 프로게이머와 동등한 실력을 기를 수 있습니다. 실제로 프로게이머 중에 10대부터 실력을 인정받아 프로게이머로 데뷔한 경우는 셀 수 없이 많습니다.

제가 고등학생 신분으로 학교를 다니며 프로게이머로 활동할 때 제 또래 중에 학교를 그만둔 선수들이 많았습니다. 저는 내일을 위해서 잠을 자러 가는데 그들은 밤새 게임에 몰두했습니다. 당시에는 그런 그들이 그렇게 부러울 수가 없었습니다.

하지만 지금은 어떨까요? 저는 지금의 제가 그들보다 낫다고 생각합니다. 프로게이머를 그만둔 이후에도 하고 싶은 일을 하며 살고 있기 때문입니다. 많은 프로게이머들이 프로게이머를 은퇴한 이후에 본인이 원하지 않는 일을 하며 살아가고 있는 경우가 많습니다.

단순히 좋은 직장에 취직하기 위해 학교를 가고 공부를 하는 게 아닙니다. 공부를 통해서 자신의 적성을 발견하고 다른 사람들과 어울리는 인간관계의 방법을 배웁니다. 상대방을 이해하고 배려할 줄 아는 마음을 배웁니다. 미래를 위한 준비를 합니다. 성인이 돼서 세상을 위해 어떤 일을 할지 머릿속으로 청사진을 그리기 위해 공부를 하는 것입니다.

제가 경험한 바에 따르면 프로게이머는 아주 매력적인 직업입니다. 어린 나이에 감당할 수 없을 정도로 커다란 부와 명예를 거머쥘 수 있습니다. 수많은 관중의 환호를 받으며 게임을 하는 것은 상상만 해도 흥분되는 일입니다. 하지만 아무리 뛰어난 프로게이머라고 해도 선수생활을 평생 동안 할 수는 없습니다. 평생직장이 없는 시대라고 하지만 프로게이머의 수명은 다른 직업에 비해 짧은 것이 사실입니다. 프로게이머를 그만둔 이후에도 하고자 하는 일을 찾기 위해서 학업을 포기하지 않길 바랍니다. 학창시절에 공부하는 것은 소중한 경험이 되고 삶을 살아가는 데 큰 자산이 될 것입니다.

4. 어떤 게임이 좋고 어떤 게임이 나쁜가요?

게임에도 좋은 게임과 나쁜 게임이 있을까요? 좋은 게임과 나쁜 게임은 어떻게 구별할 수 있을까요?

수많은 게임의 수만큼 게임의 성격과 특성은 천차만별입니다. 자녀가 하고 싶어 하는 게임을 하도록 허락해주었다고 해도 교육적이고 덜 폭력적인 게임을 권하고 싶은 게 부모 마음입니다.

저는 게임에 좋고 나쁨은 없다고 생각합니다. 게임을 즐기는 사람이 어떤 생각을 가지고 게임을 하느냐에 따라서 그 게임이 좋을 수도 있고 나쁠 수도 있습니다. 같은 게임도 보는 관점에 따라서 달라진다는 의미입니다.

예를 들어 '스트리트 파이터', '철권' 같은 대전 액션의 경우 상대 캐릭터를 공격해서 스트레스를 날려버릴 수 있다고 볼 수도 있습니다. 하지만 치고, 때리고, 싸우는 게 너무 폭력적이라고 생각할 수도 있습니다. 그렇다고 해서 어린 자녀가 선정적이고 자극적인 게임을 해도 좋다는 뜻은 아닙니다. 우리나라는 게임마다 이용 가능한 연령 제한을 두고 있습니다. 텔레비전 드라마나 영화도 마찬가지입니다. 가급적이면 정해진 연령 제한에 맞게끔 게임을 하거나 영화를 시청하는 것이 좋습니다.

게임물관리위원회는 새로운 게임을 배급하기 전에 이용 연령을 규제합니다. 선정성, 폭력성, 언어, 사행성 등을 고려하여 전체 이용

가, 12세 이용가, 청소년 이용불가 등으로 게임의 등급을 결정합니다. 청소년 이용불가 게임이 상대적으로 가장 선정적이고 폭력적이겠지요. 게임 연령 규제를 참조하여 자녀의 나이에 맞게 게임을 이용할 수 있도록 하면 됩니다. 만약 자녀가 하고자 하는 게임이 자녀의 나이에 맞지 않는 게임이라면 먼저 그 게임을 해보시길 바랍니다. 직접 게임을 해본 다음, 자녀가 해도 되는 게임인지 아닌지 고민해도 늦지 않습니다.

좋은 게임과 나쁜 게임은 종이 한 장 차이라고 생각합니다. 게임을 플레이하는 주체는 게임을 하고 있는 바로 나 자신입니다. 내가 생각하는 대로 게임이 보이기 마련입니다. '서든어택', '오버워치'와 같은 1인칭 슈팅 게임을 좋아한다고 해서 모든 사람이 폭력적인 것은 아닙니다. '보글보글', '틀린그림찾기' 같은 귀엽고 앙증맞은 게임을 한다고 해서 모두 다 순한 사람이라고 볼 수 없는 것처럼 말입니다. 어떤 색깔의 안경을 끼고 게임을 보느냐에 따라 게임은 녹색이되기도 하고 빨간색이 됩니다. 단지 게임을 한 가지 색깔로만 보이는 안경을 쓰고 바라보지 않았으면 하는 바람입니다.

5. 게임을 잘하면 게임 개발자가 될 수 있을까요?

　게임에 특출난 소질이 있는 자녀 중에는 게임 회사에 취직해서 게임을 만드는 일을 하고 싶어 하는 경우도 있습니다. 게임 회사의 업무 환경과 처우는 나날이 좋아지고 있고 성장 속도도 굉장히 빠릅니다. 하나의 게임이 소위 말하는 대박을 치면, 게임 회사는 순식간에 성장합니다. '리니지', '뮤', '서든어택', '애니팡' 등 하나의 게임으로 탄탄한 회사로 성장한 곳도 많습니다. 게임 광고가 지상파 방송에 수시로 나오고 있습니다. 게임 회사의 인지도와 복지는 계속 좋아지고 있습니다. 이런 분위기 속에서 '게임 개발자로 진로를 정하는 게 어떨까'라고 생각하는 것은 자연스러운 일입니다.

하지만 게임을 잘한다고 해서 모두 게임 개발자가 될 수 있는 것은 아닙니다. 게임을 하는 것과 만드는 것은 전혀 다른 영역의 일입니다. 게임이 출시되기 전에 시험적으로 게임을 플레이하는 베타테스터라는 일은 잘할 수 있을지 모르겠으나 이는 부모와 자녀가 바라는 일이 아니겠죠. 제 아버지께서는 프로게이머로 활동하고 있는 저를 볼 때면 네가 하고 있는 게임처럼 게임을 만들 수는 없는지 물어보았습니다. 그럼 저는 손사래를 치며 게임 하는 것과 만드는 것은 별개의 일이라고 누차 설명했습니다.

어린 시절, 게임을 만드는 게임도 있었습니다. '츠쿠루'라는 이름의 게임인데요, 각종 캐릭터와 배경을 자유자재로 두고 싶은 곳에 놓고 스토리를 구성할 수 있습니다.

제가 만들어놓은 게임을 다른 사람이 플레이할 수 있습니다. 저는 게임을 좋아했지만 게임을 만드는 게임은 저한테 맞지 않았습니다. 왜냐하면 스토리를 창작하는 건 골치 아픈 일이었고 하나의 화면을 만들기 위해서는 벽돌, 나무, 풀 같은 것들을 일일이 수놓아야 했는데 이 작업이 너무 오래 걸렸기 때문입니다. 저는 이내 다른 게임을 찾기 시작했습니다.

물론 게임을 잘하고 좋아한다면 그렇지 않은 사람보다 게임 개발자가 되기는 용이합니다. 게임 개발자는 게임을 좋아해서 게임 회사에 입사한 사람들이 대부분입니다. 좋아하는 일을 직업으로 선택하는 건 행복한 일입니다.

그럼 게임 개발자가 되려면 어떻게 해야 할까요? 게임을 제작한 회사에 대해서 공부하는 것은 물론, 게임 제작의 어떤 분야에 흥미가 있는지 알아야 합니다. 게임은 하나의 종합 예술로 여러 전문가들의 협력을 통해 만들어집니다. 게임 기획자, 그래픽 디자이너, 스토리 작가, 사운드 엔지니어, 게임 시스템 설계자, 서버 관리자 등 무엇이 자신의 적성에 맞는지 알아보고 그에 맞는 공부를 하면 됩니다. 게임을 하기 위한 공부와 게임을 만들기 위한 공부는 사뭇 다릅니다. 누군가가 만들어 놓은 콘텐츠를 이용하는 것과 누군가가 즐기기 위한 콘텐츠를 만드는 것은 커다란 차이가 있습니다. 게임을 만드는 일은 무에서 유를 창조하는 것과 같습니다. 무언가를 창조하려면 그만큼 많은 노력이 수반되어야 합니다.

만약 자녀가 게임 개발자를 꿈꾼다면 풍부한 상상력을 가지도록 유도하면 좋겠습니다. 책도 많이 읽고 여행도 많이 다니고요. 새로운 시각으로 세상을 바라볼 수 있는 기회를 많이 가지게 해주면 좋겠습니다. 게임으로 구현하지 못할 일은 아무것도 없으니까요.

공부와 게임이 바뀐 세상

잠을 자고 일어나니 세상이 변해있었다. 고등학생인 K군은 이게 꿈이 아닌지 볼을 세게 꼬집었다. 외마디 비명과 함께 곧 꿈이 아니라는 사실을 깨달았다. 밖으로 나오니 학원 간판으로 가득했던 시내가 게임과 관련된 건물들로 바뀌었다. 갑작스러운 변화에 놀라면서도 마음을 추스르면서 주변에서 벌어지는 일들을 지켜보기로 했다.

학교에서는 게임을 가르친다. 게임 성적을 기준으로 일등부터 꼴등까지 등수가 정해진다. 국어, 영어, 수학은 전략시뮬레이션게임, 카드게임, 1인칭 슈팅 게임과 같은 과목으로 대체되었다. 한 과목이라도 성적이 나쁘면 좋은 대학, 좋은 직장을 구할 수 없다. 친구들은 게임으로 인한 스트레스를 견디지 못하고 거친 욕설을 뱉으며 세상을 한탄한다. 입시학원은 프로게이머 출신 강사들이 점령했다. 유명 프로게이머의 강의를 듣기 위해서는 수백만 원의 수강료를 지불해야 한다. 하지만 부모들은 이러한 비용을 전혀 아까워하지 않는다.

PC방은 공부방으로 이름이 바뀌었다. 아이들은 게임을 하느라 지친 심신을 달래기 위해 공부방으로 향한다. 부모들은 "또 공부방에서 공부하고 있냐며 그럴 시간에 게임을 한판이라도 더 하라"라며 자녀를 채근한다. 밤늦은 시간까지 공부를 하고 있는 자녀가 야속하기만 하다. 책을 읽고 있는 자녀를 보며 땅이 꺼질 듯이 깊은 한숨을 쉰다.

K군은 공부하기를 죽기보다 싫어했고 게임이라면 사족을 못쓰는 학생이었다. 게임과 공부가 바뀌어버린 세상을 두 손 벌려 환영했다. 자신도 이제 모범생, 우등생이라는 말을 들을 수 있을 거라고 생각했다. 하지만 이런 기대는 곧 깨지고 말았다. 공부 대신 게임 성적으로 자신의 존재가 평가되었다. 게임을 못하면 부모님과 선생님에게 크게 혼이 났다. 그렇게 좋아했던 게임이었지만 점점 하기 싫어졌다. K군은 결국 게임에 대한 흥미를 잃어버리고 말았다. 그리고 먼지가 쌓인 책을 펼쳤다.

게임과 공부가 뒤바뀌어버린 일상, 상상해보니 어떠신가요? 위의 내용에서 게임과 공부라는 단어를 바꾸면 현재 우리가 접하고 있는 세상이 됩니다. 대부분의 부모와 자녀는 게임으로 인해 크고 작은 스트레스를 받습니다. 부모는 공부를 하지 않고 게임만 하는 자녀를 보며 스트레스를 받고, 자녀는 마음껏 게임을 할 수 없는 상황에 스트레스를 받습니다. 무엇이 게임을 부모와 자녀 양쪽 모두에게 괴로움을 주게 만들었을까요?

자녀 교육에 정답은 없습니다. 부모와 자녀가 추구하는 가치관과 생각하는 바가 다르기 때문입니다. 자녀의 성격, 자라온 환경, 부모의 성향, 만나고 있는 친구들과 같이 다양한 요인으로 인해 자녀는 정체성을 확립합니다. 사람은 모두 눈, 코, 입, 귀를 가지고 태어나지만 똑같은 얼굴을 가진 사람은 단 한 명도 없습니다. 전부 다른 얼굴과 개성을 가지고 태어납니다. 각자 다른 얼굴을 가진 것과 같이 각자 다른 마음을 가지고 있습니다. 그래서 완벽한 자녀 양육법이란 없습니다. 그때그때 상황에 맞춰서 자녀와 함께 발을 맞추고 호흡해야 합니다. 그러기 위해서는 자녀에 대한 관심과 이해가 필요합니다.

게임을 좋아하는 자녀를 나쁘게 바라보지 마세요. 자녀가 흥미롭고 재미있는 사물에 관심을 가지는 것은 자연스러운 일입니다. 자녀를 공부라는 좁은 테두리에 가두고 테두리 안에서만 움직일 수 있도록 하지 마세요. 자신의 발로 자유롭게 돌아다닐 수 있도록 허용하되 본인이 스스로 테두리를 세울 수 있도록 도와주어야 합니다. 자녀와 눈높이를 맞춘다면 마음의 높이도 맞출 수 있습니다. 그리고 보다 행복한 가정을 꾸려갈 수 있을 것입니다.

이 책이 부모와 자녀간 게임으로 인한 갈등을 해소하고 게임을 좀 더 긍정적으로 바라볼 수 있는 기회가 되었기를 희망합니다.

책이 나올 수 있도록 물심양면으로 지원해준 아내와 가족들에게 감사의 인사를 전합니다. 그리고 부족한 원고를 깨끗하게 다듬어주신 조완욱 대표님과 함께북스 식구들께 진심으로 감사드립니다.